核与辐射安全科普系列丛书之六

核技术利用

环境保护部核与辐射安全中心　编著

中国原子能出版社

图书在版编目（CIP）数据

核技术利用 / 环境保护部核与辐射安全中心编著 .
—0 北京 : 中国原子能出版社 , 2015.12
（核与辐射安全科普系列丛书）
ISBN 978-7-5022-7037-7

Ⅰ . ①核… Ⅱ . ①环… Ⅲ . ①核技术 – 研究 Ⅳ .
① TL

中国版本图书馆 CIP 数据核字 (2015) 第 315576 号

核技术利用（核与辐射安全科普系列丛书）

出版发行　中国原子能出版社（北京市海淀区阜成路 43 号　100048）
策划编辑　付　凯
责任编辑　胡晓彤
装帧设计　井晓明　赵　杰
责任校对　冯莲凤
责任印刷　潘玉玲
印　　刷　北京新华印刷有限公司
经　　销　全国新华书店
开　　本　710 mm × 1000 mm　1/16
印　　张　8.5
字　　数　165 千字
版　　次　2015 年 12 月第 1 版　2017 年 10 月第 2 次印刷
书　　号　ISBN 978-7-5022-7037-7　　　　定　价　38.00 元

订购电话：010-68452845　

《核与辐射安全科普系列丛书》编委会

《核技术利用》编写人员

主　编

宋培峰

编　委

宋培峰　许龙飞　姜文华　王晓涛　常　猛　陈晓鹏

总　序

日本福岛核事故后，核电的安全性再一次在全球范围内引起广泛关注，但大多数公众对核能的认知还是停留在事故和灾难的阴影中。核电的社会接受度问题成为核能发展的重要瓶颈。就我国而言，还存在着公众对核与辐射知识匮乏，科普工作较为滞后，公众参与程度较低，信息公开透明程度不够，有效的信息反馈机制缺失等问题。因此，创新和完善核与辐射安全科普宣传体系和手段，提升核与辐射安全科普宣传实效，是提升国民科学素养，营造核电良好外部发展环境，提高公众对核电发展的接受度的有效途径，对促进核电事业安全高效发展具有重要意义。

为普及核与辐射安全知识，增强科普培训的针对性和有效性，国家核安全局核设施安全监管司委托环境保护部核与辐射安全中心制作针对不同对象的包括多媒体演示课件和配套文字资料的科普培训系列材料。经项目组多次讨论研究，目前该系列材料分为核能、核电、核燃料循环辐射环境影响和管理、核燃料循环、辐射防护、核技术利用、电磁辐射、核与辐射安全监管和核与辐射应急九篇，后续将根据需求进行续编。

本培训材料编写的目的，首先是让普通公众喜爱看，然后是看得懂，最后达到信任的目的，这是编写过程中一以贯之的理念。为保证科学性（写准），实用性（针对性），趣味性（喜闻乐见），编写过程中力求通过“三化”，即“专业化、通俗化、图示化”来实现上述“三性”。此外还要注意处理好专业与通俗，全面与片面，严肃与活泼，风险与利益，编写人的认知与公众的认知的平衡；同时结合时事热点，收集网络上错误的观点，通过反面问题来说明；尝试在编写中体现艺术感，具有一定的审美意识，表达核安全文化的人文关怀，这是更高一层的要求。

核能发展，科普先行，只有让更多的人走近核能、了解核能、信任核能——这一高效、清洁的非碳能源，核能才能实现高效安全的健康发展。

由于时间仓促，加之编写组实践经验和认识水平有限，难免有错误或不当之处，衷心盼望有关专家和广大读者不吝赐教，提出宝贵意见，以便改正。

《核与辐射安全科普系列丛书》编委会

2015年12月10日

序　一

随着文明的发展，人类在环境和能源问题上面临重大挑战，寻求清洁、高效、可靠的新能源势在必行。2015年联合国发展峰会上，中国发出了“探讨构建全球能源互联网，推动以清洁和绿色方式满足全球电力需求”的倡议，阐明了中国发展清洁能源的立场。为应对能源形势的新挑战，我国“十三五”规划中将能源结构调整作为下一阶段发展的主要着力点。积极推进能源供给侧改革，必须倚重清洁能源技术。核电作为清洁能源中一种成熟的基础能源，在改革进程中必将发挥重要作用。

积极推进核电建设不仅是我国重要的能源战略，也是国家“一带一路”和“走出去”战略的客观需求。近年来，我国风电、水电、太阳能等清洁能源和可再生能源获得突飞猛进的发展，但核电装机总量却仍处于低位。目前我国在运核电装机容量仅占电力总装机容量的2%左右，而一些发达国家则远高于此。如核电占比世界第一的法国，其核电装机容量占比高达77.7%，韩国为34.6%，俄罗斯为18%，美国将近20%。即便顺利实现规划目标——到2020年，我国在运在建核电总装机容量达到8 800万千瓦，其在我国能源总规模中占比仍然不大。为此，必须积极推进核电的安全高效发展。

我国运行核电机组安全业绩良好，迄今未发生国际核事件分级（INES）2级及其以上的运行事件，运行指标普遍处于世界核电运营者协会（WANO）中值以上，核设施周边环境辐射水平处于正常范围，核电厂的核辐射安全都处于受控状态。即便如此，仍然有许多公众对核与辐射安全不够了解，甚至存有误解。自日本福岛事故以来，人们似乎谈“核”色变，一方面斥责火电高能耗、高污染，一方面对核电的安全性存在顾虑。与此同时，国家对维护公众在重大项目中的知情权、参与权和监督权也愈加重视，公众意见已成为核能及相关项目能否落地的决定性因素之一。多方因素表明，核与辐射安全相关的科普宣传及与公众的沟通亟待加强。

《核与辐射安全科普系列丛书》首次从监管的视角，立足于核与辐射安全，从多个角度较为系统、全面地介绍了核能利用及其监管、核与辐射安全相关知识。系列丛书分为核能、核电、核燃料循环辐射环境影响和管理、核燃料循环、辐射防护、核技术利用、电磁辐射、核与辐射安全监管以及核与辐射应急等九个部分，丛书坚持以科学性为本，兼顾趣味性和通俗性，图文并茂，深入浅出。语言、示例贴近生活，形象又不失准确；数据、结论来源权威，审慎且不失活泼。为大家了解核能、核技术及核与辐射安全提供了一套较为容易“读懂”的读物。

写一套好的科普读物并非易事，好的科普书在于唤起公众的兴趣、提升人文情怀和传播正能量，相信这套丛书将把核电的安全和环保介绍给公众，更促进我国核电的安全高效发展。同时希望读者多提宝贵意见和建议，以便及时修订完善。最后，衷心感谢编者们为我国核能利用发展、公众沟通和环境保护所做的努力和贡献。

序　二

正处在工业化、城镇化发展阶段的中国，在追求经济发展同时也肩负生态文明建设的艰巨任务，可靠、稳定、安全、清洁、低碳的电力供应是国家经济发展和生活稳定的必要条件。面对环境治理和气候变化的挑战，安全、高效地发展核电是中国走向能源清洁化、低碳化的重要选择。核能利用，是一种大规模产生能源的方式，神奇但是并不神秘，如果管理得当，它将为我们带来巨大的社会效益。然而，就在我国意在大力发展核电的同时，却遭遇到了重重阻力。2016年4月1日，习近平在第四届华盛顿核安全峰会上的讲话中说，“学术界和公众树立核安全意识同样重要。我们还要做好核安全知识普及，增进公众对核安全的理解和重视。”国家核安全局局长李干杰曾指出，目前核电发展面临的最大的问题、最大的约束和瓶颈，不是技术问题，而是公众沟通、公众可接受度的问题。

公众对核与辐射安全的接受度与其对核与辐射安全的认知、态度、行为有着极其重要的关系。改变及提升公众的认知、态度、行为，必须开展行之有效的公众沟通工作，而科普宣传则是公众沟通工作中重要的一环。核与辐射事件和事故作为当前重要的突发环境事件，如果处置不当，就可能引发远超事故本身影响范围的社会公共事件，科普宣传开展的好坏直接影响涉及或参与事件人的反应，成为影响事件应对好坏的关键所在。比如2009年河南杞县的卡源事件最终演变为大规模的公众恐慌事件，究其主要原因是公众对放射源知识的缺乏。我国虽然很早就开展了核能和核技术开发利用工作，但长期以来对核与辐射安全文化的宣传和培育不足，大多数人的核与辐射知识十分匮乏，加上一些不恰当的宣传和误导，给核科学技术蒙上了一层神秘的面纱，公众对于核与辐射极度敏感，谈核色变。

《核与辐射安全科普系列丛书》从核能、核电、核燃料循环辐射环境影响和管理、核燃料循环、辐射防护、核技术利用、电磁辐射、核与辐射安全监管以及核与辐射应急九个方面，用尽可能通俗易懂的语言全面、系统地将核能与核技术利用的方方面面进行了讲解。

当然，由于在专业性和通俗性的统一上，存在一定的难度，该系列丛书难免会有一些瑕疵和不足，但是编者们在核与辐射安全知识科普工作中表现出的社会责任感和探索精神值得尊崇。且这类科普读物正是目前我国核电发展和社会公众所急需的，希望大家通过阅读这套丛书，既能认识到核能和核技术造福人类的巨大价值，同时也能正确理解核与辐射对环境和人类的影响及其潜在危害性，增强理性应对涉核事件事故的能力，促进核能与核技术更好地造福于人类。

潘自强

前　言

本书共分四大部分，分别为“源”来如此、多“才”多“艺”、“核”谐共舞和迷你锦囊，共十章。

第一章“源”来如此，分别从“为有源头射线来”、辐射究竟是什么、辐射的源头、神秘的半衰期四个方面主要介绍了辐射的定义、辐射的分类、常见辐射类型、什么是同位素、放射性衰变、天然辐射、人工辐射、放射源、辐射发生器、放射性活度单位和半衰期等基础知识。告知公众辐射并不神秘，无处不在。

呈现形式：使用了设问、图示以及趣味性故事；配有2段视频。

第二章到第八章为多“才”多“艺”，分别介绍了核技术在医学、农业、工业、考古、航天、勘探以及反恐领域的应用。并将核技术相关知识融入例子中，让公众了解。同时告知公众核技术与生活息息相关，且应用广泛。

呈现形式：使用了设问、动画、图示以及趣味性故事；配有3段视频。

第九章“核”谐共舞，分别从有“脾气”的辐射、辐射“无所遁形”、“养在深闺人未识”、“金城守辐射、玉律束源头”四个方面介绍了辐射的度量、有效剂量、身边辐射知多少、国家强制剂量限值、辐射仪器、仪表、常见放射源图形、辐射标志、辐射照射的途径及防护、核技术利用单位的管理、放射源的管理、“核”谐共舞等内容，主要介绍辐射可探知、可防护；我国对核技术利用的辐射安全监管及现状，并向公众传达了核技术的正常使用是安全的。

呈现形式：使用了设问、类比、图示以及数据。

第十章迷你锦囊，基于前期科普调研的基础，以问答的形式介绍了普通公众比较关心的一些问题，如“儿童接受放射治疗时要注意什么”、“吸烟也会产生辐射么”、“室内装修会带来放射性污染吗”等。

呈现形式：问答形式。

本书由宋培峰主编，许龙飞、姜文华、王晓涛、常猛、陈晓鹏参与编写。其中第一章、第九章以及引言和后记由宋培峰执笔；第二章、第三章由姜文华执笔；第四章、第七章由许龙飞执笔；第六章由王晓涛执笔；第八章由常猛执笔；第五章和第十章由陈晓鹏执笔。

目 录

第一章 “源”来如此

第一节 “为有源头射线来”

“问君哪得怕如此，为有源头射线来”

2009年7月17日，河南省杞县许多群众逃离家乡，前往附近县市“避难”，汽车、拖拉机、三轮车等各种车辆堵满了该县通往周边县市的道路。在“杞人忧天”故事的发源地再次出现了全县性的恐慌，但杞人这次忧的却不是天，而是^{60}Co同位素制成的放射源。很多人甚至还不知道具体发生了什么事情，跟风似的就上路了。后来证实这完全是由谣言引起的一幕闹剧，被戏称为“杞人忧钴”，如图1-1所示。

图 1-1 杞人忧钴事件图[1]

小贴士

杞人忧天的故事出自《列子·天瑞》，说杞国（都城今河南杞县），有一个人担心天会掉下来。老是怕天塌下来，以至于吃不下饭睡不好觉。现在用来比喻不必要或缺乏根据的忧虑和担心。

人们忧的是钴源的辐射对人体的伤害，那么，让我们一起探究辐射到底是什么？它来自哪里，是怎样生成，并具有怎样巨大的威力吧。

第二节 辐射究竟是什么

自然界中的一切物体，一般都会以电磁波的形式时刻不停地向外传送热量，这种传送能量的方式称为辐射。简单说来就是从某种物质中发射出来的波或粒子。（热辐射、核辐射等）。其实我们天天和辐射打交道，只是我们自己并不一定会意识到，太阳光、紫外线、热、声等这些都是辐射（见图1-2）。但当人们谈论辐射时，往往想到的却是相关放射性的这一类辐射[2、3]。

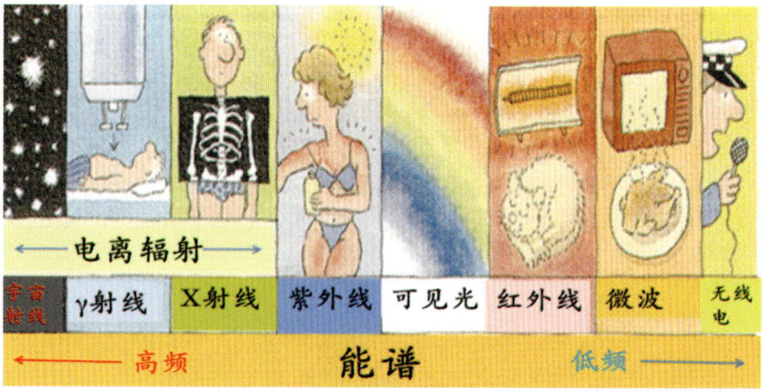

图 1-2　日常辐射及其分类

辐射的分类：辐射可分为非电离辐射和电离辐射（见图1-3），像太阳光、紫外线、热、声等这些都属于非电离辐射；而上面所说的放射性同位素发出的射线属于电离辐射，上述的^{60}Co放射源能发出的γ射线，以及常说的α射线、β射线、中子射线等属于电离辐射。简单的我们可以理解为辐射就是射线，这就是人们“谈辐射色变”所指的辐射。

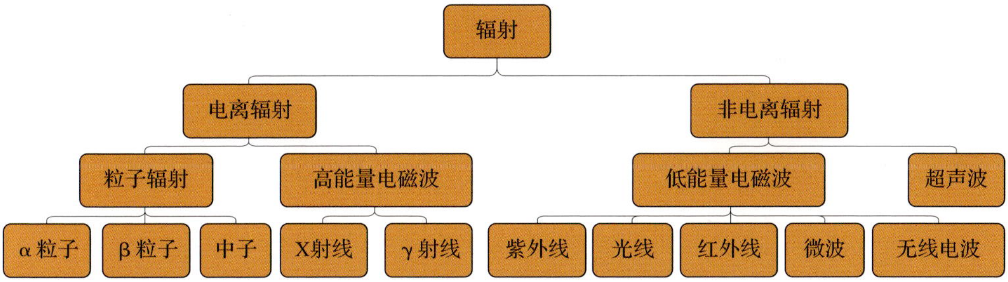

图 1–3 辐射的分类

那么，常见的α射线、γ射线、β射线，以及中子射线又具有哪些特点呢？

α射线是高速运动的氦原子核（又称α粒子）组成的，带电，所以它在磁场中的偏转方向与正离子流相同。贯穿本领小，它在空气中的射程只有几个厘米。

β射线是高速运动的电子流，它的电离作用较小，贯穿本领较大，在空气中的射程因其能量的不同而有较大差异，一般为几米至十几米。

γ射线和X射线一样都是波长很短的电磁波，不带电，所以在磁场中不发生偏转，如图1-4所示。在空气中的射程通常为几百米。

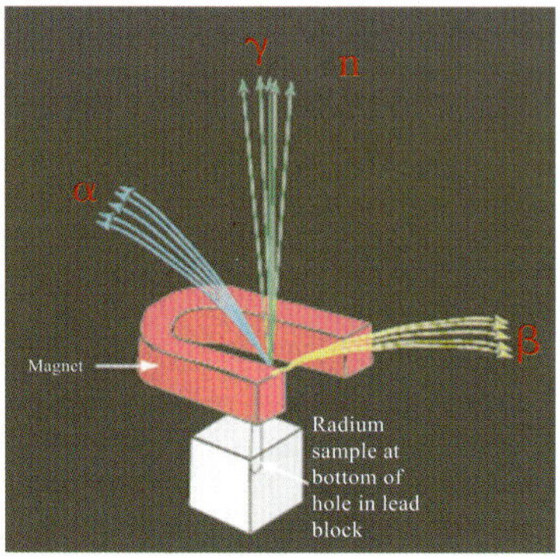

图 1-4 磁场中的射线

中子是原子核的组成部分之一，不带电，贯穿本领极大，如图1-5所示。

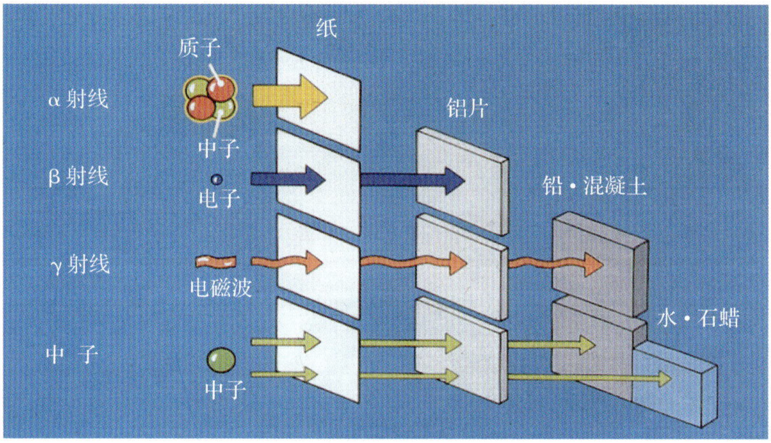

图 1-5 常见射线的穿透能力

不可不知的同位素

到了这儿，你是否已经好奇“杞人忧钴”放射源包壳里的物质是什么，竟能发出射线?

目前科学研究确认共有118种元素，如碳、氢、氧等。这些元素构成了形形色色、五彩缤纷的物质世界。不同的元素由不同的原子组成，原子由原子核和电子构成，原子核则由质子和中子组成，如图1-6所示。

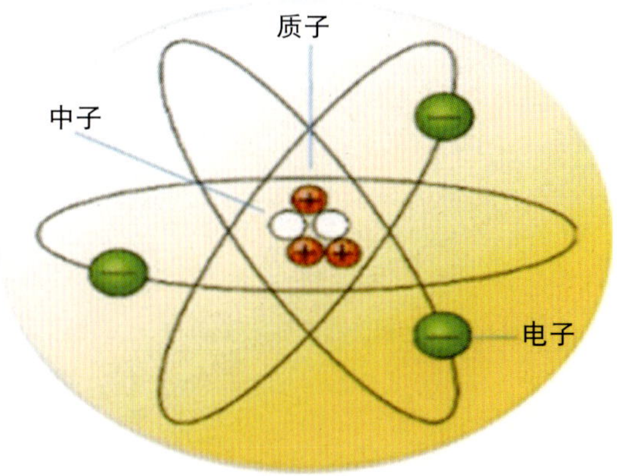

图 1-6 原子的组成示意图

为了研究各元素的性质，科学家们研制出了“元素周期表”，在这个表里每一种元素的位置是固定的。每种元素原子核中质子数是固定变的，但质子数相同的原子，中子数可以不同，我们把具有相同质子数不同中子数的原子称为同位素，他们在元素周期表中所处的位置相同，就像坐在一张椅子上的“孪生兄弟”，尽管体重不同，模样和所处的位置一样，如图1-7所示。

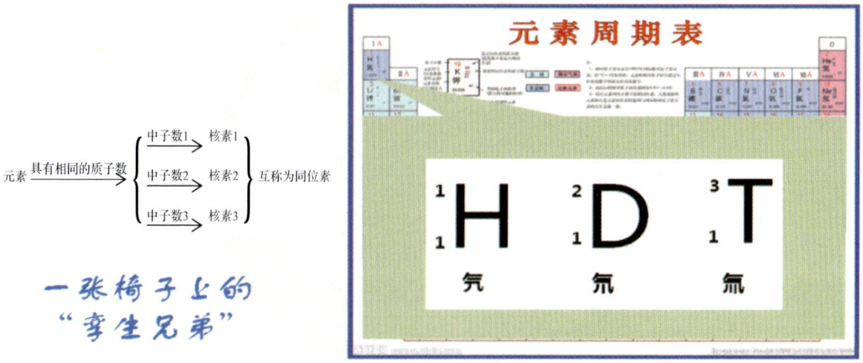

图 1-7 同位素示例

什么是放射性衰变

同位素分为稳定同位素和放射性同位素两类。迄今为止，人们共发现了上述118种元素的3 100多种核素，其中稳定核素有271种，其余都是放射性同位素。包壳里的物质就是带有放射性的同位素，称之为放射性同位素。放射性同位素是不稳定的会不断地发出射线，而变成另外一种核素。这种能自发发出射线的性质称之为放射性，而这一过程则称为放射性衰变[3]。

放射性衰变这种现象，如同是自然界里上演的神奇魔术，能将一种物质转化为另外一种物质，在这一过程中所释放的射线和能量正是今天造福于现代社会的核能和核技术应用的科学基础[4]。稳定核素大多数存在于自然界，而放射性同位素大多数是通过核反应人工制备的。

第三节　辐射的源头

人类在日常生活中会受到各种各样的辐射照射，这些辐射照射有的是人工的（人工辐射源），也有的是天然的（天然辐射源，如图1-8所示）。

人工的辐射，包括医疗照射、核爆炸、核动力生产及其他工农业等领域的应用产生的辐射照射[5]。在人工辐射照射中，射线的“源头”具体是指核爆炸遗留的放射性物质、反应堆以及放射源、辐射发生器。

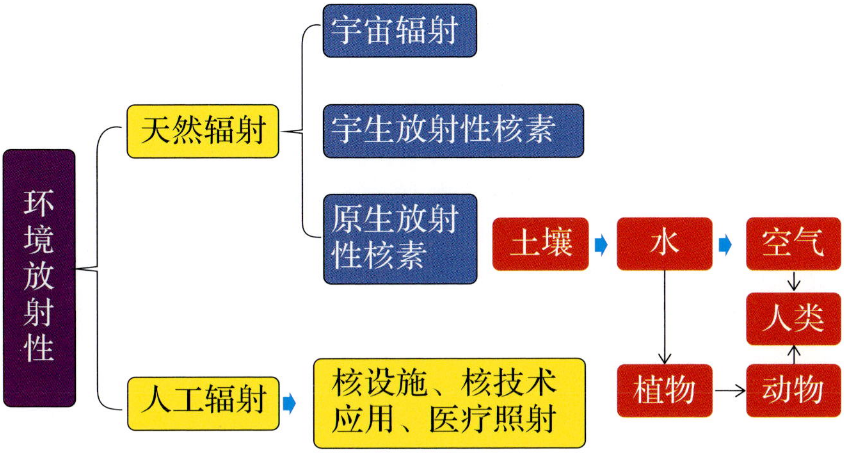

图1-8

本文所述的具体核技术应用活动，所利用的射线主要来自放射源或辐射发生器，它们就是射线的源头，这好比是泉水的源头。那么放射源是如何定义的，辐射发生器又是指什么呢？

放射源

在图1-9中，这条亮晶晶的金属链子你知道是什么吗？有人会被它靓丽光鲜的外表所迷惑，将其拾起后当宝贝一样存入裤兜内，为此，有些人付出了不小的代价。这条链子虽然看上去很精美，但这不是用来佩戴的贵金属链子，而是一枚放射源及其连接物。红圈标识部分为放射源，其余部分为连接和固定放射源的部件，它有一个专业名字叫源辫子，这种放射源被称为带辫子的放射源。

图 1-9　探伤源及源辫子

小贴士：案例一则

2014年5月天津某公司使用一枚^{192}Ir（Ⅱ类放射源）进行探伤作业后，不慎将该源丢失，随后被附近一名作业的工人王某检到。王某见到银色的金属链，以为是贵重物品，便揣进口袋带回了家，贴身接触长达3小时。后来在得知自己所捡的金属链是公安机关及多部门联合寻找的放射源时，王某将其丢弃在室外一处草坪里。几经周折后，丢失的^{192}Ir源最终在3天后被找到并收回。捡放射源的王某，被诊断为急性轻度放射病，所幸无生命危险。

放射源：可以这么理解，是指除研究堆和核动力堆核燃料循环范畴的材料外，永久密封在容器中或者有严密包层并呈固态的放射性材料。还有一种能放出射线的源项－非密封放射性物质，是指非永久密封在包壳里或者紧密地固结在覆层里的放射性物质。由此可知，放射源是将放射性物质密封在包壳里或紧密地固结在覆盖层里，如图1-9所述的探伤源，图1-10为^{60}Co放射源。

非密封放射性物质是没有包壳的，其以液态或粉末状直接应用，如一些直接服用的放射性药品，图1-11所示。

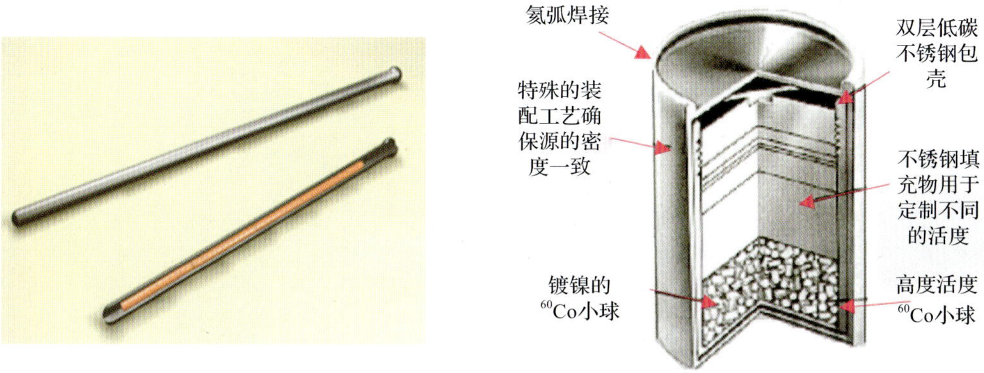

图 1-10 ^{60}Co放射源

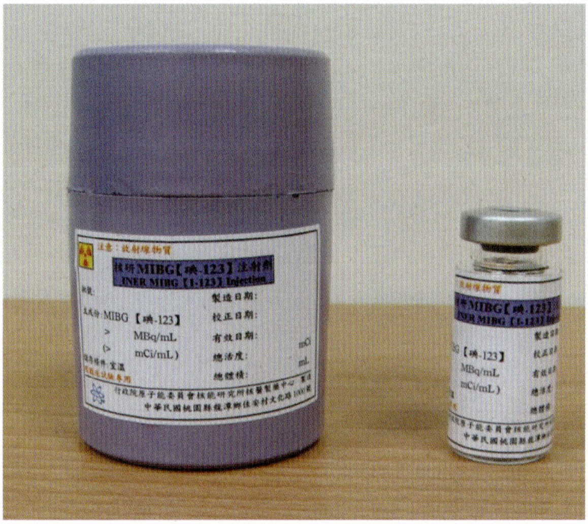

图 1-11 非密封源（^{123}I药品）[6]

辐射发生器：能产生如X射线、电子等射线的装置，是“能生产射线的机器”。像医院里的X射线机（见图1-12）、地铁的包裹安检机等利用的都是辐射发生器[7]。

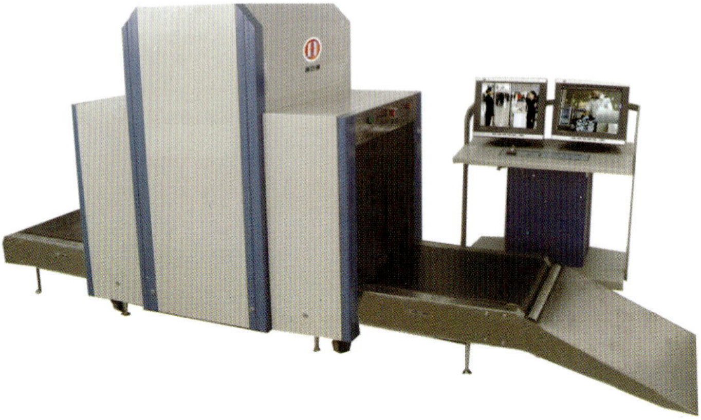

图1-12　安检X射线机

天然辐射

事实上，生活中处处有放射性（见图1-13），人类无时无刻不受到辐射的照射，人们吃的食物、喝的水、住的房屋、用的物品、周围的天空大地、山川草木乃至人体本身都含有一定的放射性。

> “事实上，在人类身体里就可以找到天然放射性核素。我们的身体平均每分钟要经历几十万次的核衰变。”
>
> 诺贝尔奖获得者—西博格
>
> 《人与原子》

图 1-13　西博格语

我们把天然存在的放射性称为天然放射性。把天然存在的能自发释放出射线的核素，称为天然放射性核素，如钾-40及铀、钍等放射性核素。人们受到的天然放射性的照射，来源于下列三个方面：①宇宙射线。宇宙射线是来自宇宙空间的射线，包括初级宇宙射线和次级宇宙射线。前者是直接来自宇宙空间的质子和重带电粒子，后者则是初级宇宙射线进入大气层与空气作用产生后的中子、质子等。②土壤、岩石以及建筑物等中存在的天然放射性核素（如）放射性铀、钍及衰变产物镭、氡）及钾-40等。③人体内的放射性，包括钾-40及通过呼吸和饮食进入人体内的天然放射性物质。

宇宙射线：源自宇宙空间及其内容物的电离辐射线。

初级宇宙射线：源自银河系、太阳粒子辐射。

次级宇宙射线：初级宇宙射线与大气层粒子相互作用，产生带电和不带电的次级粒子。

宇生放射性核素：宇宙射线与大气层中的N、O相互作用产生放射性核素^{3}H、^{7}Be和^{14}C。

原生放射性核素：自地球形成以来就存在于地壳中的放射性核素。^{40}K、^{238}U系、^{232}Th系，氡的辐射是生活中最主要的天然辐射照射来源，是^{238}U系的衰变产物。

我们祖祖辈辈就这样生活着，生儿育女[5]，繁衍生息。

第四节 神秘的半衰期

人类会随着时间慢慢变老，放射源则会随着时间慢慢变弱

放射源包壳里包裹的是放射性同位素，而放射性同位素会不断地衰变，随时间的推移不断变少，甚至逐渐消失。

为了度量这种变化的强弱，科学家们提出了“放射性活度“的概念，其含义可以理解为，单位时间发生的衰变数目。放射性活度的国际单位制专用单位是贝可勒尔，简称贝可，符号为Bq。1 Bq=1/s，即1秒发生1个衰变。早期使用的活度单位为居里（Ci），$1\ Ci=3.7\times10^{10}\ Bq$。

“贝可勒尔”和“居里”，不可小视的两个单位

为纪念核科学领域两位伟大的科学家，将放射性活度用科学家名字命名基本单位，这是学界通常的做法。1975年第十五届国际计量大会为纪念法国物理学家安东尼·亨利·贝克勒尔，将放射性活度的国际单位命名为贝可勒尔。而居里则是为纪念我们都知道的居里夫人而命名。1903年，居里夫妇和贝克勒尔由于对放射性的研究而共同获得诺贝尔物理学奖。居里夫人因发现元素钋和镭，于1911年又再次获得诺贝尔化学奖，成为历史上第一个两获诺贝尔奖的人。

神秘的半衰期

“一半一半又一半，化作虚无皆不见”

为表示放射性变化的快慢，人们引入了半衰期的概念。所谓半衰期，就是放射性核素因放射性衰变而使其活度降低到原来的一半时所经过的时间。每经过一个半衰期，放射源的活度也就只剩原来活度的一半了。半衰期越长，表明这个放射源活度变化得越慢，如土壤石材中通常含有的天然放射性核素^{238}U、^{232}Th等，半衰期都非常的长，达几十亿年，即几十亿年后放射性强度才减为现在的一半；半衰期越短，表明这个放射源的活度变化得越快，如大多人工放射性核素，相对而言半衰期较短。每种放射性核素都有一个特有的半衰期，其范围从几百万分之一秒到几十亿年。

在各种辐射中，由X射线装置产生的X射线就不存在半衰期的概念，因为只要关掉X射线装置，也就不产生X射线了。

第二章 多"才"多"艺"之医学领域

"众里寻她千百度，蓦然回首，那人却在，灯火阑珊处"

虽然是高科技，但核技术离我们并不遥远。无需刻意寻找，因为她就在我们左右，在我们衣食住行等各个方面，只是我们并未知晓而已。在核技术涉足的领域，帮我们解决着各种各样的问题，带给了我们巨大的福利。核技术应用领域包括医疗、农业、工业、航天、考古、勘探等。

第一节　核医学——悬壶能济世

核医学（Nuclear medicine）又称原子医学，是将核技术应用于医学领域的一门学科，是指放射性同位素、由加速器产生的射线束及放射性同位素产生的核辐射在医学上的应用。在医疗上，放射性同位素及核辐射可以用于诊断、治疗和医学科学研究；在药学上，可以用于药物作用原理的研究、药物活性的测定、药物分析和药物的辐射消毒等方面。

核医学的历史最早可追溯到19世纪末。1896年法国物理学家贝克勒尔发现了铀盐的放射性，1898年居里夫妇分别提取出钋和镭，拉开了放射性核素和平利用的序幕。1938年，约翰劳伦斯将利用回旋加速器制备的^{32}P用于一名29岁患有慢性骨髓性白血病的患者，并取得了成功，从此奠定了核素治疗学。1946年，纽约的塞德林以及科斯瑞在美国医学会杂志上发表了题为“放射性碘治疗：在功能性转移性甲状腺腺癌中的作用”的经典文章，文章中描述了他们如何利用^{131}I治疗功能性甲状腺癌转移灶以及所取得的成绩。该文章被公认为核医学历史上最重要的文章，随后，田纳西州橡树岭的核医学先驱者马歇尔-布鲁斯认为这篇文章是核医学诞生的标志。此后不久，γ闪烁功能仪和γ闪烁扫描仪相继问世，开创了脏器功能测定与显像的新纪元，为临床核医学显像的发展奠定了良好的基础。20世纪下半叶，电子学技术、计算机技术和图像重建技术的飞速发展给核医学的发展提供了强大的技术支撑力量。进入新世纪，核医学的发展仍然有赖于影像技术、放射性核素、放射性药物和分子生物学等相关技术的发展。

小贴士：望闻问切

中医医术是中华文化的魁宝，其“望闻问切”四诊之法更是中医的精髓。其中，望，指观气色；闻，指听声息；问，指询问症状；切，指摸脉象，合称四诊。目的是通过望闻问切找出疾病所在，诊断出疾病以进行治疗。有“望而知之谓之神，闻而知之谓之圣，问而知之谓之工，切而知之谓之巧”的说法。

斗转星移，即便是在科学技术发达的今天，精确地诊断疾病仍是治疗的前提。作为高新技术的核技术在疾病诊断方面，充分发挥了其打开微观世界的能力，像神秘的侦探一样，通过一点蛛丝马迹便能洞察疾病的一切。

第二节 放射诊断和治疗

一、射线成像的医学应用

1896年1月3日，在世界医学史上，有一件惊天动地的大事发生。奥地利首都维也纳出版的《新自由报》上，刊登了一幅奇特的照片。照片上是一只人手的骨骼，掌骨、指骨以及腕骨历历在目，清晰地展现在读者的面前。更令人们惊异的是，这只手的无名指上还戴着一枚戒指。照片的说明告诉读者，这张照片拍摄的是德国物理学家伦琴的夫人——贝塔·伦琴的手掌，如图2-1所示。人们知道，伦琴夫人仍然健在人世，所以不可能是她的骨骼解剖照片。当时，许多人看了报纸以后，疑惑不解：一个大活人的手骨骼，怎么会拍成照片呢？事实上，这是首张X射线拍摄的人体结构图片。著名的物理学家伦琴发现了一种看不见的“光线”，这种“光线”能无遮无碍地穿透许多物体，它能穿过人的皮肤，把骨头看得一清二楚。这种尚不为人知的射线，伦琴先生就把它命名为X射线。由于发现了这种新射线，引起了科学界的轰动。1901年著名的诺贝尔物理学奖金，授予了这位杰出的科学家——伦琴。

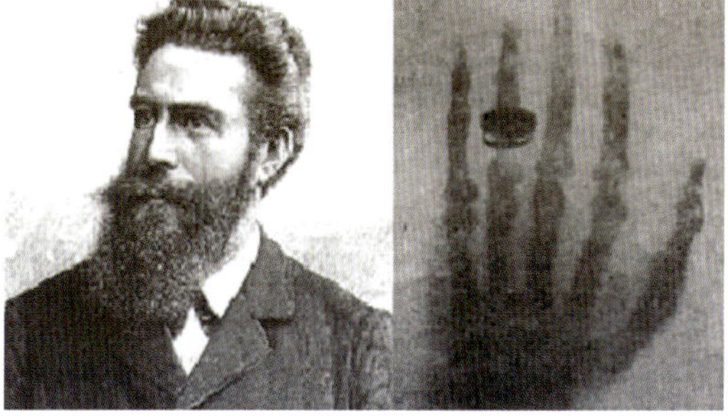

图2-1 伦琴及首张X射线照片

医用诊断X射线设备只有在医院里才能见到，但是照相机是我们现在日常生活中很常见的一种用品，实际上，医用诊断X射线设备是一种医生使用的检查患者疾病的特种照相机。照相机简称相机，是一种利用光学成像原理形成影像并使用底片记录影像的设备。很多可以记录影像的设备都具备照相机的特征，如前面所说的医学成像设备以及天文观测设备等。照相机利用光的直线传播性质和光的折射与反射规律，以光子为载体，把某一瞬间的被摄景物的光信息量，以能量方式经照相镜头传递给感光材料，最终成为可视的影像。照相机按照发展历程可简单分为传统相机和数码相机，传统相机即是早期的胶片相机。胶片照相机记录影像的基础是胶片上的感光剂与镜头聚焦的可见光发生化学反应，形成被照射物的潜在影像。数码照相机与传统相机本质区别是采用电子元器件成像而不是胶卷，形成数字影像被存储卡保存。

摄影机是一种使用光学原理来记录影像的装置，与照相机不同的是这种影像可以是动态的。正如照相机一样，早期的摄影机需要使用底片（即录像带）来进行记录，现时的数码照相机的发明，可以形成数字化的影像，然后将数字化的动态影像记录在存储器中。

（一）X射线透视——医生的摄影机

去医院检查胸部，常听到医生说去做个“胸透”。“胸透”是什么？“胸透”全称是X射线荧光透视。由于人体由不同的组织器官组成，如同一束太阳光线透过不同材质和厚度的窗帘，光线不能透过窗帘使房间内白如黑昼，穿透窗帘的光线使房间依然阳光明媚。不同人体组织就如不同材质和厚度的窗帘，科学家们研究设计了一个叫做“X射线管”的设备，通过它发射出来的X射线照射到人体的胸部，通过不同器官密度和厚度的差别，穿透人体的X射线强弱的不同，从而达到透视的目的。

传统X射线荧光透视机如传统摄像机一样，使用底片进行记录，透视机的底片被称作荧光屏。涂有荧光物质的荧光屏接受射线，由于X射线能使一些物质产生肉眼可见荧光，所以到达荧光屏（图像接收器）上强弱不同的X射线使荧光物质发出强弱不同的可见荧光，从而形成明暗层次不同的影像，可直接观察到人体内部的组织结构，这就是我们常常听到的“胸透”的基本原理。胸透既可以观察器官的形态，还可以观察器官的活动情况。

X射线电视系统，是将电视技术应用于医学领域的结果。X射线电视透视式X射线机使用影像增强器代替传统透视机的荧光屏，穿透人体的X射线由影像增强器转换为荧光影像，通过摄像头将荧光影像转换为视频信号，然后通过闭路电视系统传送到医生观察室。由于图像接受强度增强几千倍，入射人体的X射线强度可以相应地降低，检查者照射X射线量就相应地减少。

X射线电视透视式X射线机还可以成为医生的数码摄像机，其获得的视频信号经过模数转换器，可转换成数字信号，经计算机图像处理获得数字图像，即数字化X射线透视，如图2-2所示。最常见的数字化X射线透视有数字减影血管造影和数字胃肠点片。虽然常规的X射线透视检查应用频率逐渐下降，但是需要动态功能观察的检查仍然使用透视检查。一些特殊的检查，包括介入放射诊断和治疗均用透视方法，而且应用范围在迅速扩大。据统计，某省份一次肝脏介入治疗，患者接受的入射体表剂量平均值为2.15 mGy[9]。

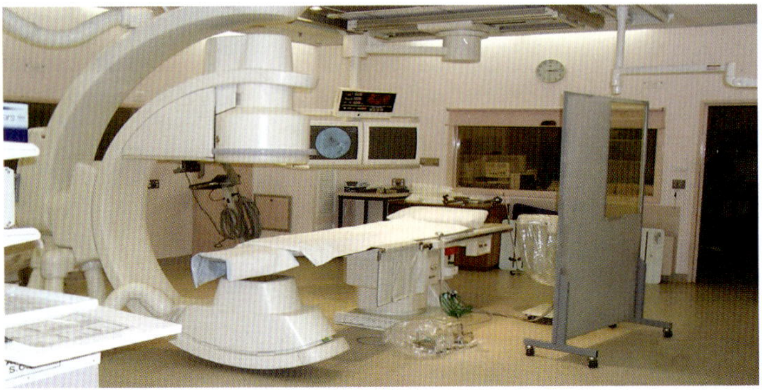

图2-2 用于介入治疗的透视设备

腹部主要为胃肠等软组织，组织器官密度相近且前后重叠，到达图像接收器上的X线量相当，图像显示的器官分辨率低，为了增加器官的对比度，可以人为引入密度高于或低于器官的物质，增加对比度，这就是造影检查。例如常见的消化道钡餐造影检查，让检查者口服钡餐（硫酸钡）人为地提高对比度，X射线不能透过钡餐但是能透过肠胃等软组织，从而显示出腹部器官形状。此外，常见的造影检查还有静脉胆道造影、静脉肾盂造影等。据统计，某省份一次钡灌肠检查检查者入射体表剂量平均值为42.44 mGy[9]。

（二）X射线摄影——医生的照相机

传统X射线摄影机与日常生活中的传统照相机一样，使用胶片作为图像的接受和储存介质，胶片经显影液显影和定影、胶片冲洗最终获得拍摄物体的图片。X射线机与照相机的区别在于，前者的光源是来自X射线管肉眼不可见的X射线，后者的光源是来自太阳的可见光。常见的X射线摄影有胸片正位、四肢摄影、乳腺摄影等。一次胸片正位X射线摄影，检查者入射体表剂量平均值为0.36 mGy[9]。

数字化X射线机犹如日常生活中的数码照相机，采用电子元器件作为影像的接收器，并通过计算机进行图像后处理转化为数字图像，可以直接在计算机显示器上显示。数字化X射线摄影包括X射线计算机摄影（CR）和X射线数字摄影（DR）。数字X射线成像对比度分辨力高，对于腹部器官对比度低的部位具有更好的检测能力；数字X射线成像设备对X射线能量的利用率高，拍摄胸片时比常规方式低30%～70%的强度即可获得有诊断信息的图片，如图2-3所示，使检查者所受的辐射剂量明显降低。

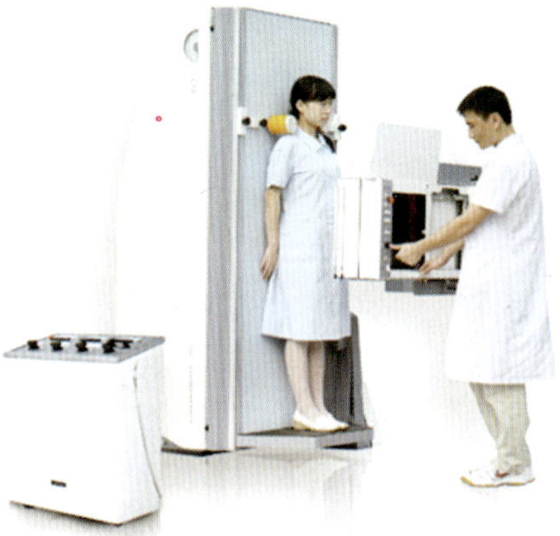

图2-3　X射线机

（三）X射线计算机断层摄影（X-CT）——特殊照相机

常规X射线摄影是X射线穿过人体所形成的投影。人体是一个立体三维结构，而投影仅仅是人体的二维重叠图像。因此，通过X-CT（见图2-4），可以对被检查的人体进行横断面体层三维成像，从而解决人体内部结构重叠显示的问题。X-CT成像的原理（见图2-5、图2-6）同样基于人体不同组织对X射线阻挡能力的不同。X射线管产生的X射线束经准直器成为较窄的扇形X射线，从许多视角围绕人体一定厚度的横断面进行扫描，由探测器接受透过人体横断面的X射线。X-CT将人体横断面分为若干体积相同的立方体，计算机系统对透过立方体的X线进行处理，获得每一个立方体阻挡X射线能力的数值，然后将这些立方体对应的数值转换为黑白不同的方形图像，即得到组织器官的CT图像。X-CT得到的图像是患者的断面“切片”，使医生能够获得组织器官内部结构图片。

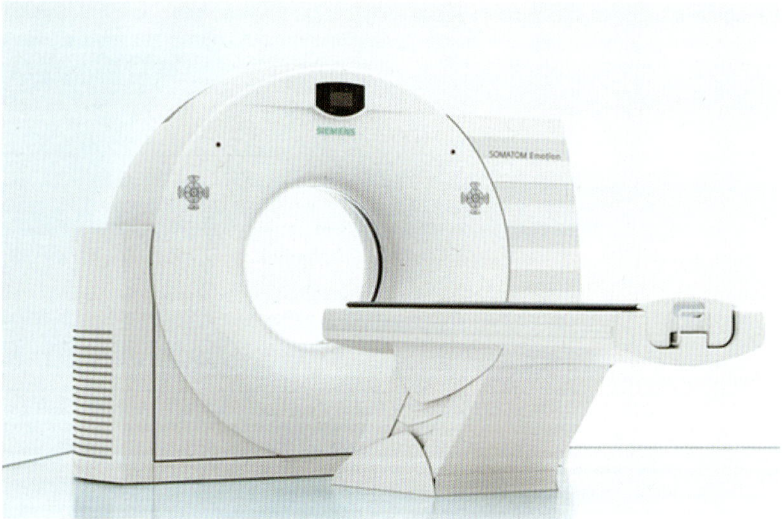

图2-4　X射线计算机断层摄影X-CT设备

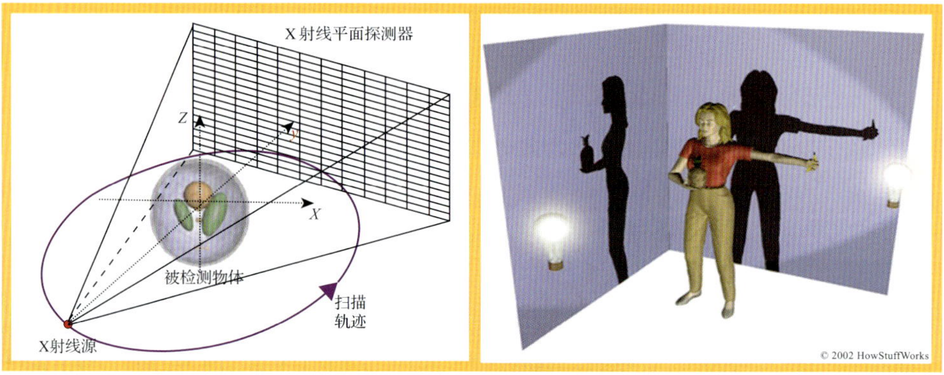

图2-5　X-CT射线扫描投影

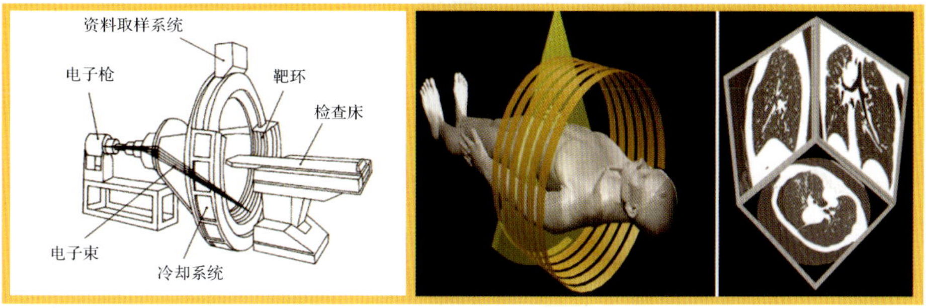

图2-6 X-CT射线扫描投影

据报道，检查者进行一次头部检查时受到的剂量平均值为37.6 mGy，一次体部检查时所受的剂量平均值为16.2 mGy[9]。

螺旋CT机可实现连续扫描人体横断面，使扫描时间缩短，30 s即可以完成大多数检查。多排螺旋CT机的探测器由单排变为多排，扫描时间更加缩短，外伤、儿科等检查1 s即可完成。扫描时间缩短，检查者受照剂量也相应减少。

（四）核医学代谢显像——人体照相机

使用放射性药物用于诊断造影时，医生将选择一种含放射性同位素的放射性药物，这种放射性同位素发出γ射线或称为正电子的粒子射线，它们可被γ照相机或扫描仪探测到。这些仪器可探测到放射性药物汇集并发出射线的位置，同时将上述信息转换成突出显示相应器官或组织包括癌症病灶的位置和大小的二维或三维图。诊断造影通常广泛用于心脏病和甲状腺异常，身体的许多其他部位（如肝、肾、脑、骨骼等）也可利用诊断放射性药物进行检查。

如照相机的光源来自于太阳光一样，前面介绍的医用诊断X射线设备，其成像的光源均来自于X射线管。医院里疾病诊断“高手”卧虎藏龙，还有一种照相机，需要引入物质到检查者体内，以起到光源的作用。众所周知，人体是一个无时无刻不在进行新陈代谢的生物体，对于组织器官功能缺陷导致代谢障碍的疾病，只能观察人体组织器官形状的X射线透视或者摄影就无能为力了，这时核医学显像，即人体作为照片成像光源的照相机就发挥了作用。目前医院里最常见的这种类型的照相机是γ照相机、PET（PET/CT）和 SPECT(SPECT/CT)。

使用γ照相机进行核医学成像时，检查者体内应先引入发射γ光子的放射性药物，药物发射的γ光子被探测器接受，经图像处理形成图像。γ照相机可以显示放射性药物在组织脏器内的分布和代谢情况，以二维图像的方式反映特定脏器或组织功能及代谢变化。

SPECT（见图2-7）是γ照相机与电子计算机技术相结合发展起来的一种核医学显像设备，它是在γ照相机平面成像的基础上，应用电子计算机技术增加了断层显像功能，就如同X线摄片发展到X-CT一样。SPECT断层显像（见图2-8），克服了γ照相机平面显像对组织器官重叠造成不能发现微小病灶的缺点，提高了疾病的检出率。

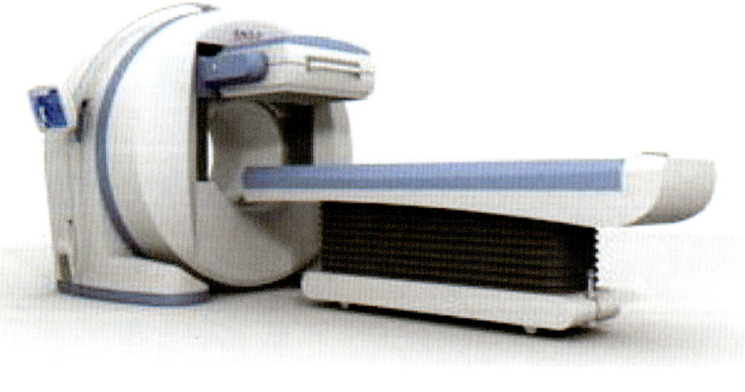

图2-7　SPECT设备

SPECT/CT是将SPECT和CT融合在一起，实现了功能代谢图像和解剖结构图像的有机融合，一次显像，既能获得SPECT功能代谢图像，又能获得CT解剖结构图像，为医生提供更多的诊断信息。

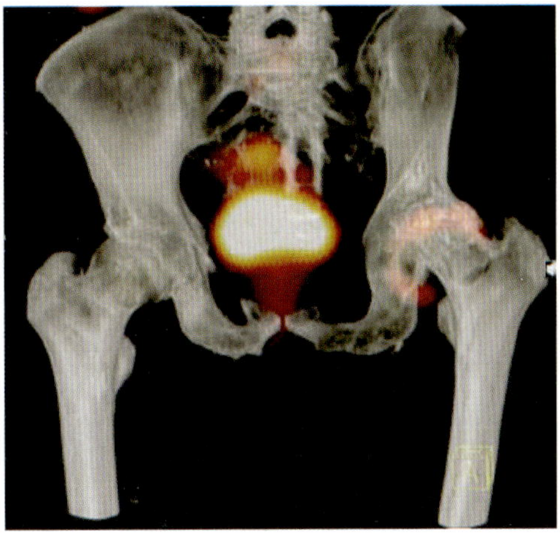

图2-8 SPECT影像图片

正电子发射型计算机断层PET是利用^{11}C、^{13}N、^{15}O、^{18}F等放射性核素标记的化合物，被人体摄入后伴随体内新陈代谢过程聚集于某一特定组织器官，这些核素在衰变的过程中发射出正电子，这种正电子与周围组织器官相互作用，发射出两个方向相反、能量相同的γ光子。PET显像是采用一系列成对的互成180°排列的探测器来探测发射出的γ光子，从而获得人体内正电子核素的断层分布图及病变的位置、形状、大小、代谢和功能，对疾病进行诊断。

PET/CT（见图2-9）是将PET和CT两个成像技术结合起来的融合成像设备，实现了PET和CT图像的同机融合（见图2-10）。使PET的功能影像和螺旋CT解剖影像两种显像技术的优点融于一体，形成优势互补，一次成像即可获得PET图像，又能获得相应部位的CT图像，对病灶进行准确定位和定性，为医生提供更多的诊断信息。CT、PET以及PET/CT成像的对比如图2-11所示。

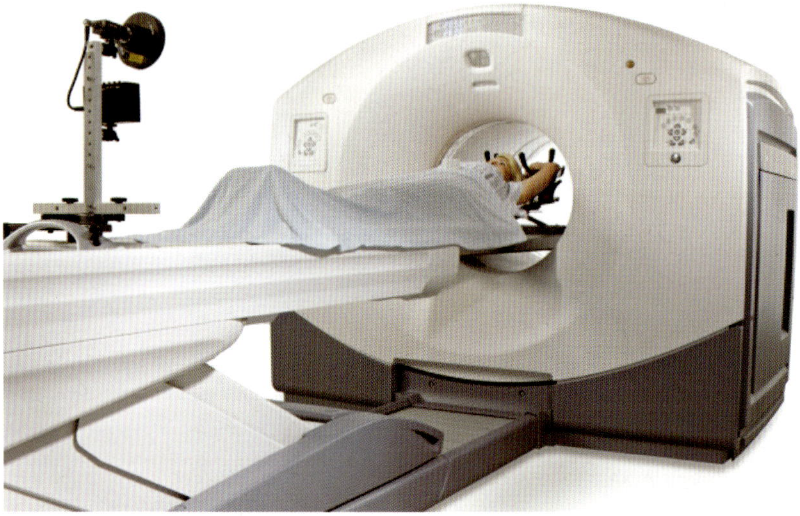

图2-9　PET/CT设备

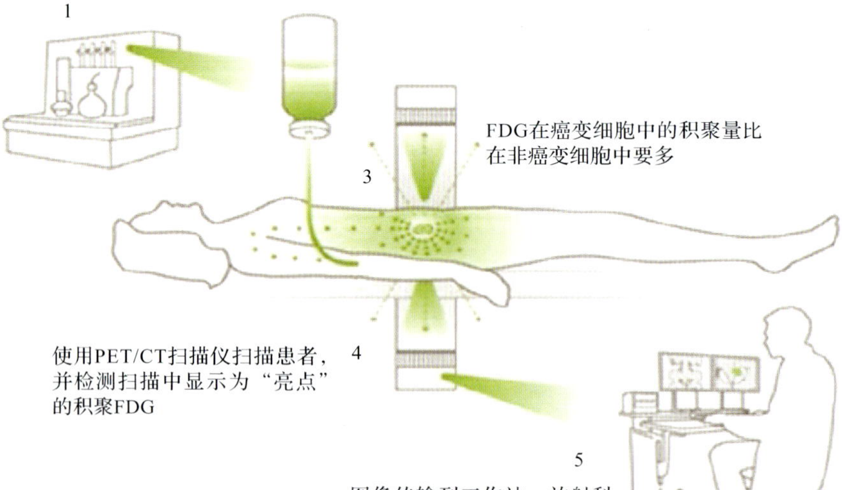

图2-10　PET/CT成像过程图[10]

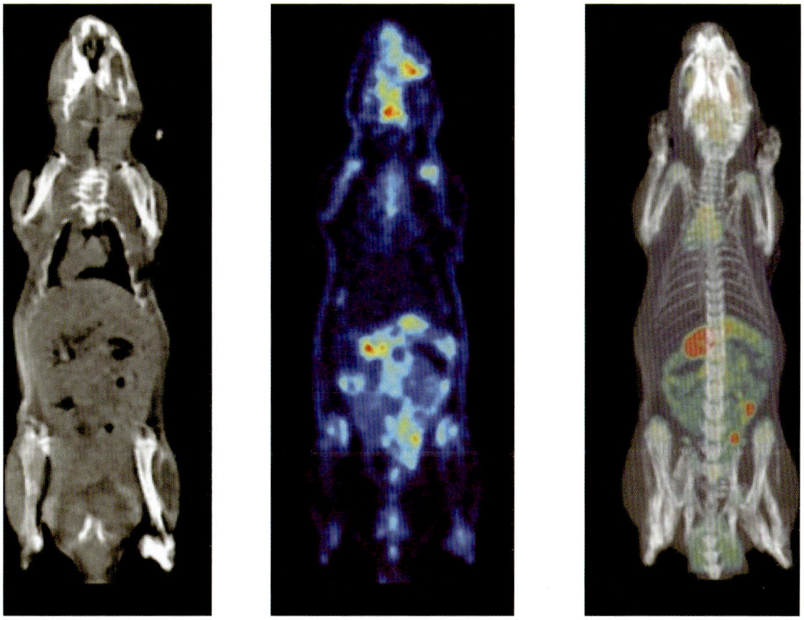

实验鼠CT图像　　实验鼠PET图像　　实验鼠PET/CT图像

图2-11　PET/CT影像图[11]

二、不见血的手术刀

说起手术，人们就会想象病人躺在手术台上，无影灯下，医生在消过毒，标记过的位置上，用刀片切开皮肤。立刻，鲜血涌流出来，护士赶紧递上止血钳和纱布……

但也有例外，用放射疗法的设施做手术时不切开皮肤，不流血、不缝针。

放射疗法(简称放疗)是医学的一个分支，主要是利用射线治疗癌症。放疗旨在利用射线来定位和杀死癌细胞。当射线用于恶性肿瘤或大量病变细胞时，目标细胞会被破坏并杀死，导致肿瘤体积变小甚至使肿块消失。放射线作用于生物体，可通过直接作用或间接作用使细胞受到损伤（见图2-12）。大多数肿瘤含有的肿瘤细胞增殖速度较快，而增殖期细胞对放射性相对敏感，所以肿瘤细胞受射线照射后与正常组织相比损伤较大、修复较慢，实现射线杀死肿瘤细胞保护正常组织的目的。

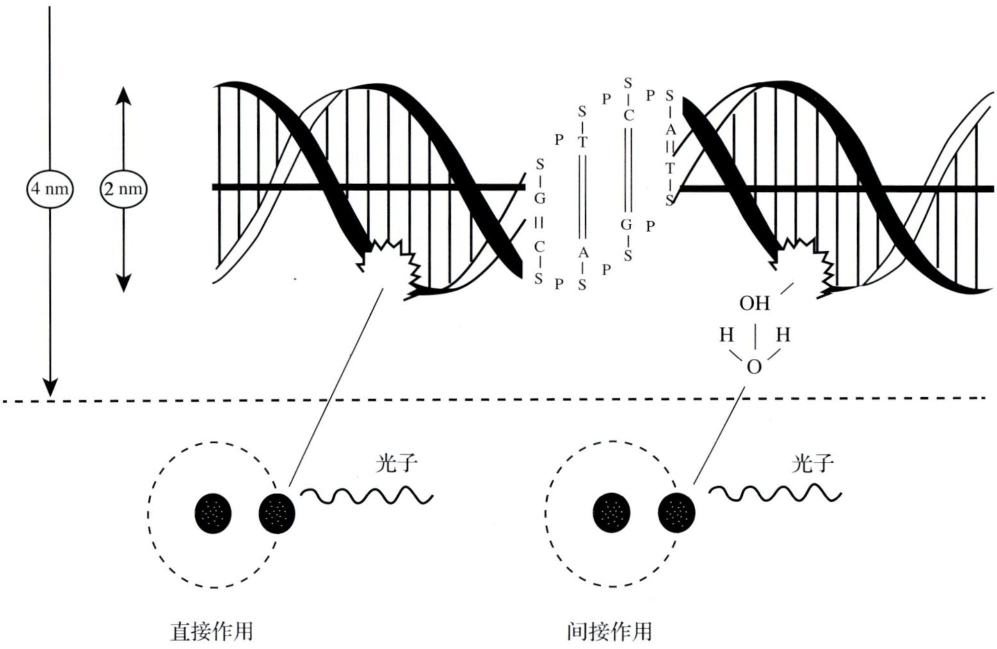

图2-12　射线与DNA分子相互作用示意图

放疗是肿瘤治疗重要手段之一，70%以上的肿瘤病人在病情的不同阶段采取放疗措施。单独放疗，或者与手术、化疗相结合，能够不同程度地控制病情甚至治愈。例如，鼻咽癌、宫颈癌、直肠癌等早期五年治疗治愈率在80%～95%以上。

（一）医用电子直线加速器

应用于肿瘤放射治疗最常见的射线装置是医用电子直线加速器。这种设备能产生高能电子束和X射线，可用于临床肿瘤治疗。随着电子直线加速器（见图2-13）的发展，医用电子直线加速器技术也不断完善。从4～8 MeV中低能医用电子直线加速器发展到18～25 MeV高能医用电子直线加速器。

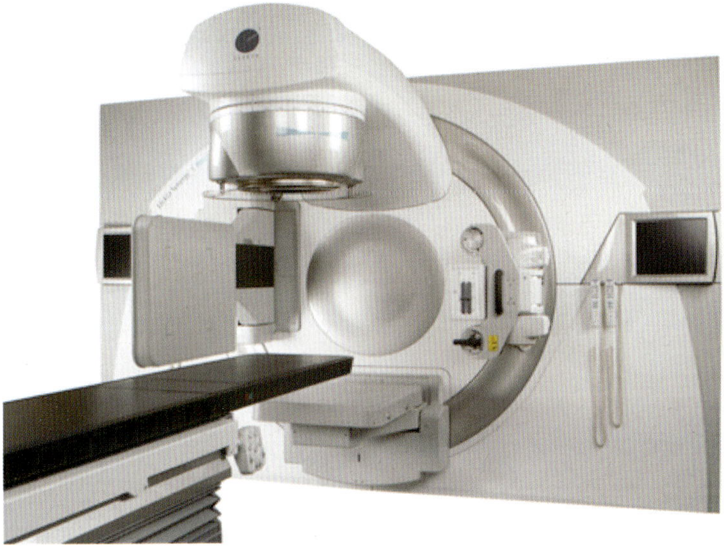

图2-13　医用电子直线加速器

医用电子直线加速器是利用电场，沿直线加速电子到较高的能量应用于临床医学的装置。医用电子直线加速器即可以产生能量较高的电子，还可以通过转换转变为高能X射线。电子线适用于浅部肿瘤治疗，治疗中可以根据肿瘤位置的深浅，调节电子线的能量，使电子线主要作用于肿瘤细胞组织上，而正常组织细胞受到的损害很小。X射线适用于深部肿瘤治疗，主要应用于白血病和已经转移的对放射线较敏感的恶性肿瘤。放射线照射肿瘤所设定的剂量，医用电子直线加速器剂量计算的准确性高，治疗方法多样化，治疗效果显著，所以医用直线电子加速器在肿瘤治疗中应用广泛，发挥作用巨大。

（二）质子重离子加速器——癌症患者的福音

质子重离子加速器是一种新型的治疗肿瘤的射线装置。所谓重离子就是比质子重的带电粒子，通常包含带电的氦、碳及氖离子等。

科学家们发现重离子的物理学特征是，重离子束进入身体后不会大量释放能量，只有在重离子停下来的位置才会释放其大部分能量，形成一个尖锐的能量峰（布拉格峰）。这样科学家们就把重离子的这一特性应用到医学临床治疗上，通过医学影像技术引导，再通过调整入射重离子束的能量，使这个布拉格峰准确落在肿瘤体上，从而实现对肿瘤体的精确爆破（见图2-14、图2-15）。此项技术对肿瘤体周边的正常组织特别是重要器官没有影响。重离子疗法，精确而彻底地杀死癌细胞，同时对患者的损伤减到最低程度，不降低患者的免疫机能。临床治疗肿瘤所用的重离子是将碳离子加速到光速70% 左右形成高能碳离子束流，借助医学影像技术精确射入体内治疗肿瘤。

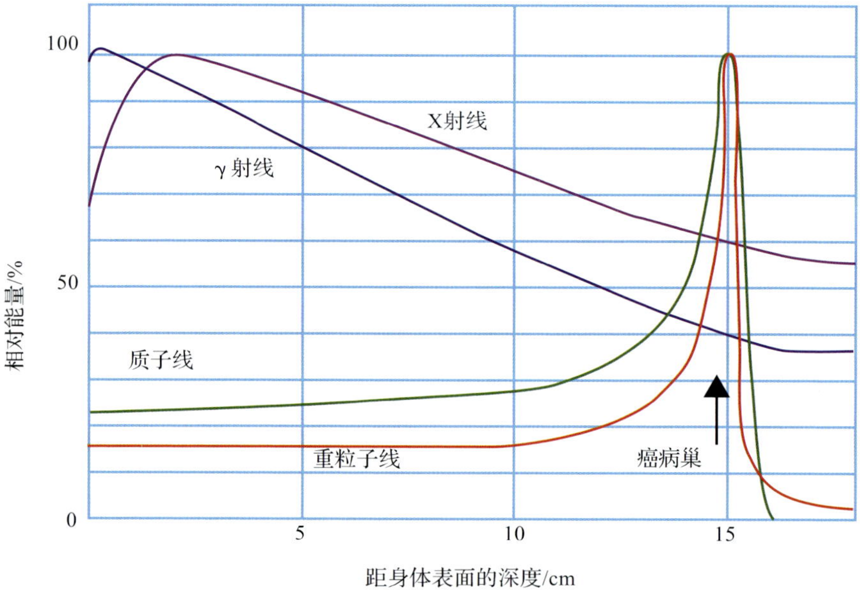

图2-14　重离子治疗深度示意图

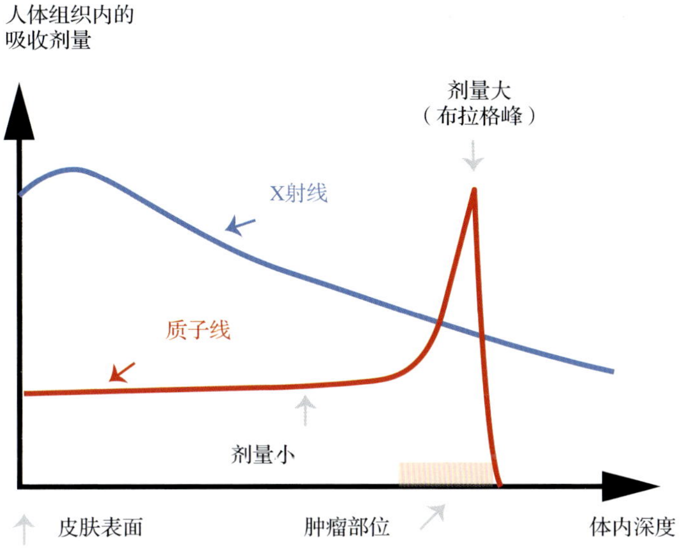

图2-15 布拉格峰曲线

目前应用于放射线治疗的重离子通常是指碳离子。运用重离子射线治疗肿瘤，是当今国际公认的最尖端的放射治疗技术。目前，国际上仅德国、日本、美国和中国等少数国家拥有重离子放疗临床技术。

中国的武威重离子肿瘤治疗中心位于武威凉州区清源镇朱家庄刘广社武威现代医疗卫生园区，于2012年5月2日开工建设，投资16亿元人民币，设计床位1 600张，预计2016年投入运行。

使用质子作为治疗射线的医院——上海质子重离子医院（于2016年投入运行）位于上海市浦东新区国际医学园区内，总占地150亩，共设床位220张。2015年3月，国家食品药品监督管理总局向上海质子重离子医院颁发了国内首张质子重离子系统设备进口注册证。

三、放射性同位素的医学应用

（一）非密封放射性物质的医学应用

约100年前，精确定位隐藏在患者体内的肿瘤块的位置及其大小是无法想象的。现如今，借助特殊的扫描仪，医生可以利用被称之为放射性药物的放射性药剂来窥视人体内部，这些药物还可以用于治疗许多疾病。在核医学中，放射性药物对于许多疾病特别是癌症的最低限度侵入诊断、治疗和监护管理程序以及减轻与某些癌症相关的痛苦，都起着至关重要的作用。

1. 同位素示踪法——核医学诊断

同位素示踪使用非密封源，所利用的放射性核素（或稳定性核素）及它们的化合物，与自然界存在的相应普通元素及其化合物之间的化学性质和生物学性质是相同的，只是具有不同的核物理性质。因此，就可以用同位素作为一种标记，制成含有同位素的标记化合物（如标记食物，药物和代谢物质等）代替相应的非标记化合物。利用放射性同位素不断释放出特征射线的核物理性质，就可以用核探测器随时追踪它在体内或体外的位置、数量及其转变等。稳定性同位素虽然不释放射线，但可以利用它与普通（相应）同位素的质量之差，通过质谱仪、气相层析仪、核磁共振等质量分析仪器来测定。放射性同位素和稳定性同位素都可作为示踪剂，但是，稳定性同位素作为示踪剂其灵敏度较低，可获得的种类少，价格较昂贵，其应用范围受到限制；而用放射性同位素作为示踪剂具有灵敏度高，测量方法简便易行，能准确地定量，准确地定位及符合所研究对象的生理条件等特点。

（1）放射免疫分析

放射免疫分析是以免疫分析加上放射性“标记”而创立的新的体外分析方法，可以测定极微量的生物活性物质。例如，当胰岛素与胰岛素抗体结合达到平衡后，用^{131}I标记的胰岛素与胰岛素抗体的结合，与该平衡体系中存在的非标记胰岛素的量呈一定的相关关系。利用放射性测定的高灵敏度，测量与抗体结合的^{131}I标记的胰岛素，进而可以计算出该体系中非标记胰岛素的量，从而测得血液中胰岛素浓度（原理示意图见图2-16）。

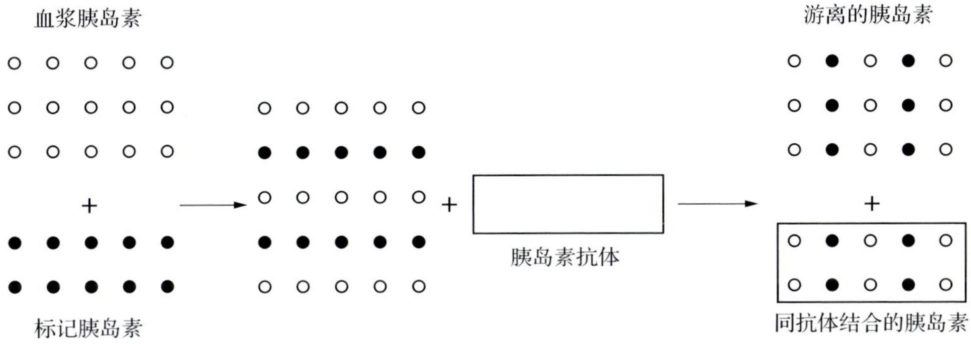

图2-16　放射免疫分析法测定血浆胰岛素的原理示意图

（2）放射性核素显像技术

生命在于运动，奔跑、走路、呼吸等是生命存在的基本表征，我们身体内的组织器官也在无时无刻地运动，但是组织器官的运动轨迹是难以记录的，这时同位素示踪法大显身手。通过γ照相机和发射型计算机断层显像，为医生提供组织器官代谢的诊断信息。

SPECT最常用的放射性药物含锝-99m(^{99m}Tc)。核医学所有诊断程序中超过80%都使用^{99m}Tc，最常用于心脏和骨扫描。高锝酸盐离子（$^{99m}TcO^{4-}$）能被甲状腺、唾液腺及其他消化腺摄取，可用于甲状腺功能测定和甲状腺显像。病人使用^{99m}Tc流程图见图2-17。

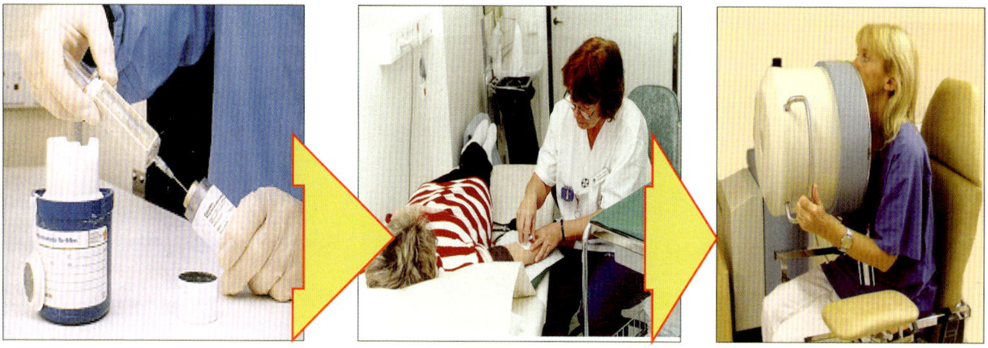

图2-17　放射性药物^{99m}Tc

对于PET，最广泛应用的放射性药物是^{18}氟-脱氧葡萄糖（^{18}F-FDG）。^{18}氟-脱氧葡萄糖（^{18}F-FDG）是一种与天然葡萄糖结构类似的放射性核素标记的化合物，可以示踪体内葡萄糖的代谢过程，如肿瘤组织摄取^{18}F-FDG的量与存活的肿瘤细胞数量高度相关，大部分肿瘤如结直肠癌、恶性淋巴瘤等在PET/CT影像中可显示^{18}F-FDG高摄取肿瘤病灶。

2. 射线与物质的相互作用——核医学治疗

在诊断出疾病后，放射药物治疗在某些情况下也许是最佳疗法。因为这些药剂含有可发出足以杀死病变细胞的粒子辐射的放射性同位素，所以必须由医生慎重、科学地选择用于治疗的放射性药物（见图2-18）。用于控制和治疗疾病的放射药物疗法取决于放射性药物如何有效地汇集到待治疗的组织或器官，而放射性药物的有效汇集取决于人体如何与这些药物发生作用。一旦作出选择，便将使用更大剂量的放射性药物用于患者，以便向人体内疑似患病区域发出既定的辐射剂量。例如放射性碘（碘化钠，见图2-19）是在甲状腺癌治疗中普遍使用的一种放射性药物，这是利用了科技工作者发现几乎全部来自血液的碘都汇集在甲状腺中的这一特性。这意味着当医生对患者使用一剂碘化钠时，这种药物几乎全被甲状腺独自吸收，而人体其他部分实际上不受影响。一旦被吸收到甲状腺内，高剂量放射性碘发出的辐射将杀死腺体细胞，随后杀死癌细胞。目前，没有任何常规治疗可以替代碘化钠用于甲状腺癌或甲状腺功能亢进的治疗。同样，另一种粒子辐射发射体^{89}Sr也以氯化锶的形式用于治疗骨转移肿瘤，^{89}Sr的化学性质及其在体内的代谢与钙非常相似。当^{89}Sr静脉注射到患者体内，就会很快通过血液循环到达骨转移肿瘤病灶处，使肿瘤细胞坏死、凋亡，病灶缩小[12]。

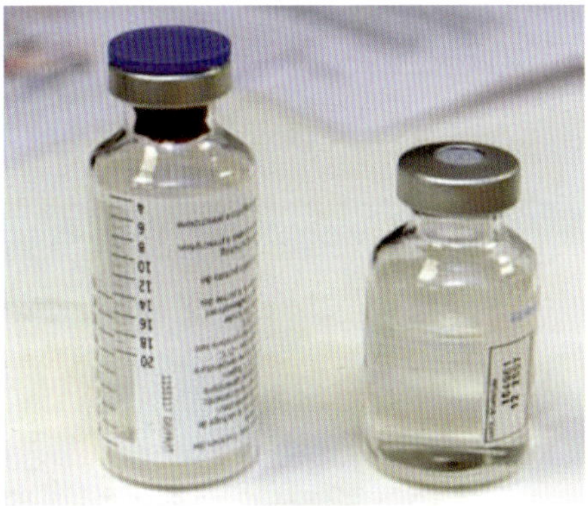

图2-18　放射性药物

图2-19　病人服用液体放射性药物

3. 硼中子俘获治疗（BNCT）——“引爆”病灶内部射线的治疗技术

治疗恶性肿瘤最理想方法是在杀灭肿瘤细胞的同时尽量减少对邻近正常组织的损害。对肿瘤进行放射治疗时, 肿瘤细胞附近的正常组织难免也会受到照射, 而且除非破坏所有的癌细胞,否则仍有复发的危险。

1936 年科学家首次提出硼中子俘获治疗(Boron Neutron Capture Therapy , BNCT) 的概念,为许多用传统方法无法治疗的肿瘤提供了一种新的治疗方法。其基本原理：通过在肿瘤细胞内的原子核反应来摧毁癌细胞，具体是这样的：先给病人注射一种含硼的特殊化合物。这种化合物与癌细胞有很强的亲和力，进入人体后，迅速聚集于癌细胞内，而其他组织内分布很少。这种含硼化合物对人体无毒无害，对癌症也无治疗作用。这时，用一种超热中子射线进行照射，这种射线对人体的损伤不大，但中子与进入癌细胞里的硼能发生很强的核反应，释放出一种杀伤力极强的射线，这种射线的射程很短，只有一个癌细胞的长度。所以只杀死癌细胞，不损伤周围组织。这是一种有选择的只杀死形状复杂的癌细胞而不损伤正常组织的技术。目前我国已研制出专门用于硼中子俘获治疗（BNCT）的放射治疗装置[13]（见图2-20、图2-21）。

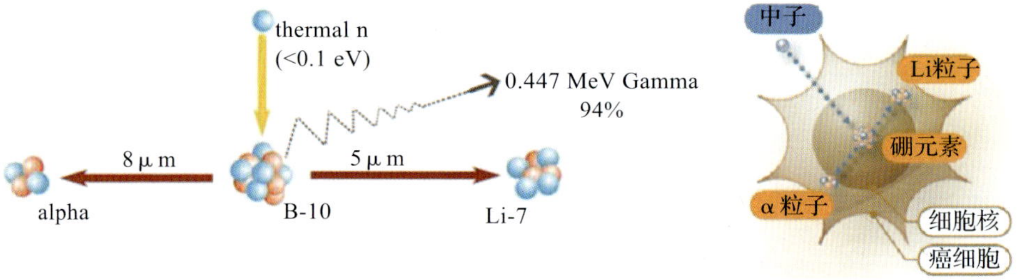

图2-20　BNCT原理示意图

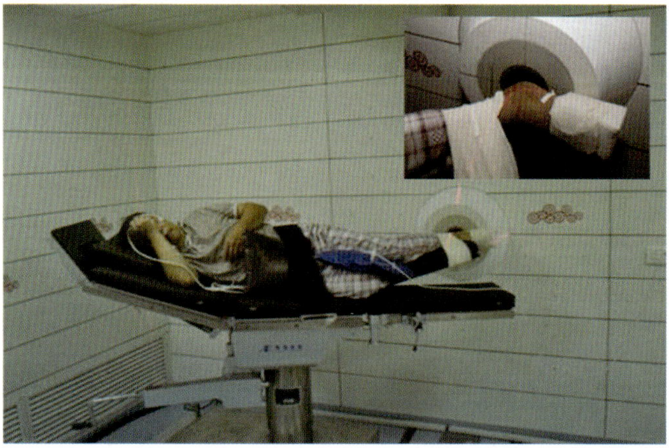

图2-21　患者在接受BNCT治疗

（二）放射源的医学应用

1. 远距离放射治疗

远距离放射疗法是指通过发出一束或多束射线到患者机体的特定目标区而达到治疗目的的方法。该方法可以使健康细胞受到的辐射最少的同时，又能使射线束准确定位控制或杀死癌细胞。这些射线束可由电子和/或X射线、γ射线或粒子疗法中的氢核或碳离子构成。

针对不同的情况，医生还可在外科手术过程中使用这些射线束。通过外科手术剥离肿瘤覆盖物后，射线束可以直接命中肿块。此类疗法称为手术同期放疗。

电子和/或X射线远距离放射治疗最常见的设备是前面介绍的射线装置-医用电子直线加速器。目前γ射线远距离放射治疗最常用的设备是伽玛刀（见图2-22～图2-25）。伽玛刀名为“刀”，但实际上并不是真正的手术刀，而是一种非常先进的放射治疗设备，其全称是伽玛射线立体定向治疗系统。伽玛刀是在一个形状为截去顶部的半球形的头盔上排列多个密封^{60}Co放射源的装置，^{60}Co放射源的γ射线从不同角度汇聚于一个点上，治疗时，用γ线汇聚点照射到病人头颅内的病变位置。此时，焦点区的癌细胞所受射线照射剂量比非癌区健康细胞所受剂量高出上百倍，其治疗照射范围与正常组织界限边缘如刀割一样非常明显，因此人们形象地称之为伽玛刀。伽玛刀适用于外科手术难度较大或无法开展外科手术的脑部肿瘤，还可以治疗颅内血管畸形和头部功能性疾病等非癌症疾病。

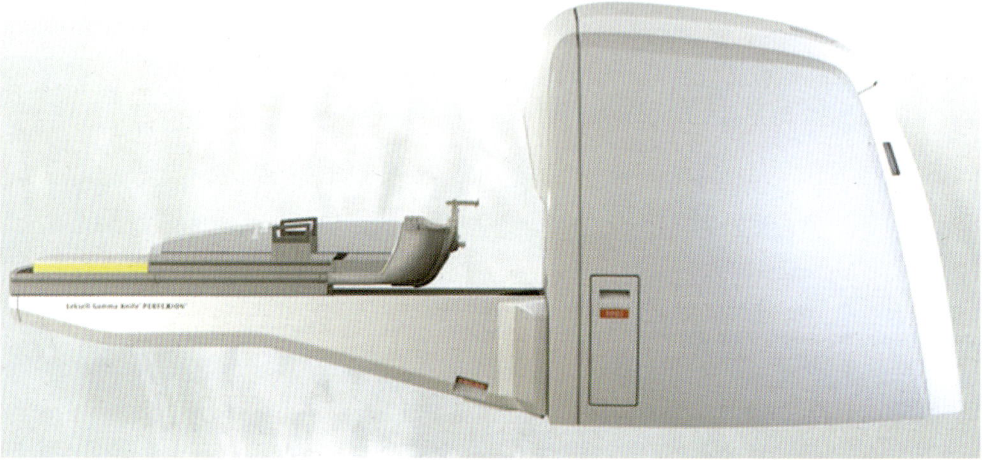

图2-22 伽玛刀

图2-23 伽玛刀头盔示例图

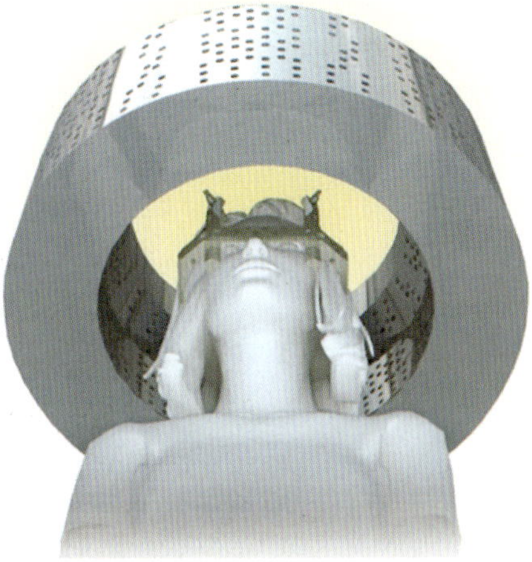

图2-24 伽玛刀头盔

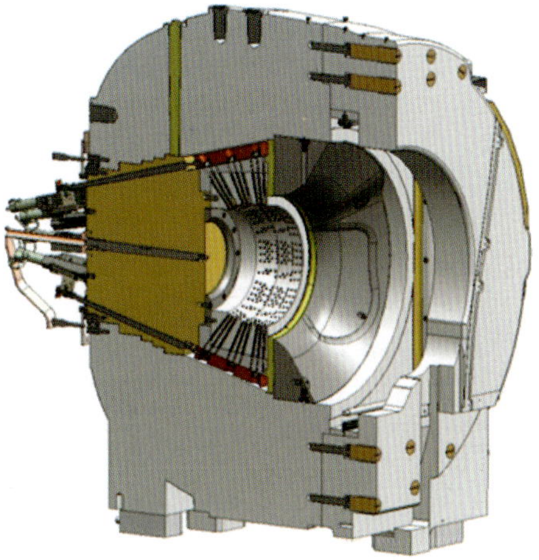

图2-25 伽玛刀设计图

2. 近距离放射治疗

近距离放射疗法在患者需要治疗的机体内部或附近区域放置放射源，这个设备称为后装治疗机（见图2-26）。以宫颈癌为例，放射源可直接置于子宫内部，以命中宫颈肿块。与远距离放射治疗的外粒子束射线不同，近距放疗允许以高剂量局部射线对肿瘤进行治疗，同时降低健康组织四周不必要受照的概率。

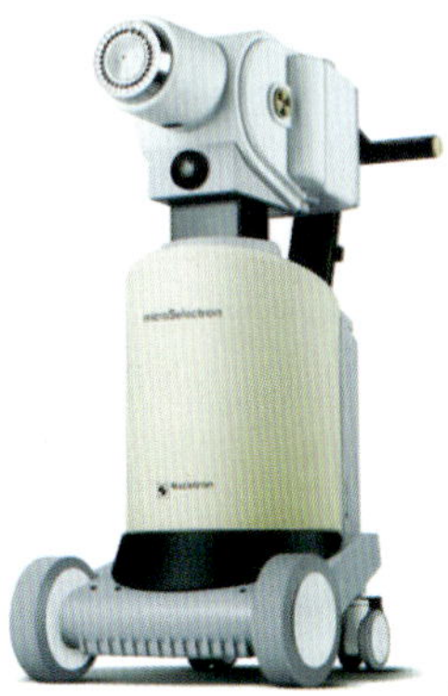

图2-26 后装治疗机设备图

还有一种近距离治疗方法，就是将具有微弱放射性的“迷你源”植入肿瘤内部进行治疗，如^{125}I籽粒植入治疗，它是在CT和超声引导下，将发出低能量γ射线的^{125}I粒子直接植入肿瘤组织内，对肿瘤组织进行持续性的、最大程度的毁灭性杀伤。与常规外照射治疗相比，在CT和超声引导下植入^{125}I粒子优势显著：内照射射线剂量小，作用时间更长，治疗定位更准确，对肿瘤局部作用均匀，辐射半径小（2 cm左右），对周围正常组织损伤极小，是一种非常好的局部治疗措施。

常见的^{125}I籽粒（见图2-27），外形为圆柱体，直径1 mm、长度4 mm。

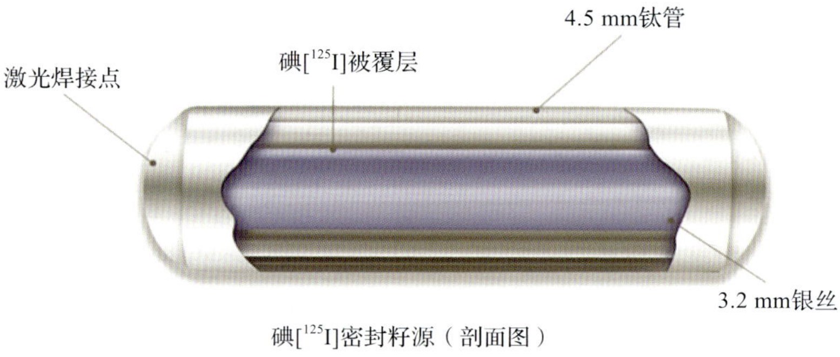

图2-27　^{125}I籽粒[14]

第三章 多"才"多"艺"之工业领域

在工业领域，核技术改变了人们既有认识，提高了生活品质，如，帮助人们实现快速、准确地称量飞速运转物料质量；消除引起爆炸的静电；改变产品性能和属性；杀灭顽固病毒、细菌；保持食品新鲜；探测出潜藏在物体内部的"伤口"等。

第一节 "多面能手"同位素仪表

同位素仪表作为一种先进的非接触测量手段，广泛用于冶金、矿山、石油化工、造纸、能源开发等诸多行业。为促进传统产业的技术改造和技术进步，实现工业过程的现场实时控制与生产自动化做出了突出贡献，取得了显著的社会、经济、环境效益。

一、"中和"静电

在日常生活中，尤其在干燥的冬天，我们常常会碰到这种现象：朋友见面握手时，手指刚一接触到对方，会突然感到指尖有针刺般刺痛；晚上脱衣服时，黑暗中常听到噼啪的声响，而且伴有闪光；早上起来梳头时，头发会经常“飘”起来，越理越乱。这些现象均源于静电。静电不仅在日常生活中给人们带来了种种不适，而且在某些特定场合造就了诸多麻烦。如，飞机在飞行过程中机体与空气摩擦产生的静电，如果不采取措施，将会严重干扰飞机无线电设备的正常工作，使飞机变成聋子和瞎子；在印刷厂里，纸页之间的静电会使纸页粘合在一起，难以分开，给印刷带来麻烦；在制药厂里，由于静电吸引尘埃，会使药品达不到标准的纯度；在放电视时荧屏表面的静电容易吸附灰尘和油污，形成一层尘埃的薄膜，使图像清晰度和亮度降低；在混纺衣服上常见而又不易拍掉的灰尘，也是静电捣的鬼；更有甚者，在手术台上，电火花会引起麻醉剂的爆炸，伤害医生和病人；在煤矿，则会引起瓦斯爆炸，导致工人死伤。

内置^{210}Po或^{238}Pu、^{85}Kr、^{241}Am等放射源的静电消除器可有效地解决上述因静电引起的难题。放射源发出的射线能使空气产生上万亿的正负离子，这样在产生静电物体表面和消除器之间形成通路，这些离子中和物体表面的静电荷，从而消除静电。静电消除器有离子鼓风机、离子枪（见图3-1）、离子喷嘴等不同形式。这种放射性同位素只会使空气电离，消除静电，不会使空气和其他物体带上放射性。目前，在造纸、印刷、纺织、卷烟生产中应用效果显著。如常见的软X射线软射线型静电消除器，见图3-2所示。

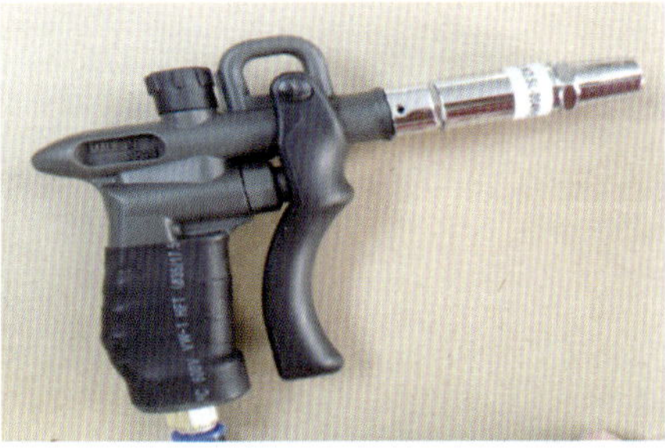

图3-1　静电消除用离子喷枪

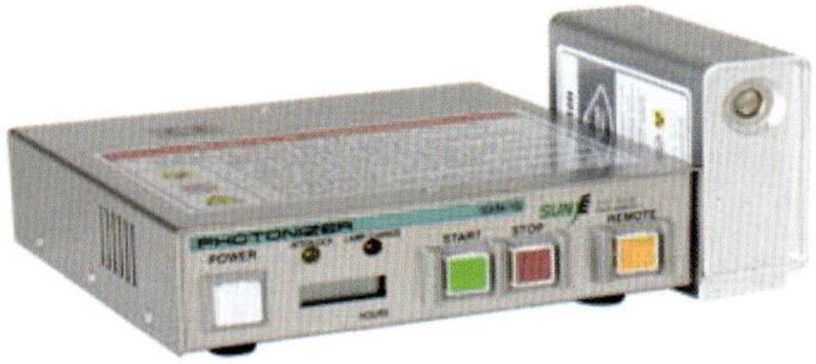

图3-2　软X射线软射线型静电消除器

二、灵敏可靠的火灾报警员

现代社会，高楼林立，消防安全成为人们必须面对的现实问题，尤其在火灾的前期报警阶段，安装α源制成的离子感烟报警器起到了防范火灾的重要手段。离子感烟报警器可探测到人眼看不到的微粒组成的烟雾，可在阴燃生烟阶段，自动发出报警信号并打开淋水喷头，把火扑灭在未成灾阶段。现已在宾馆、饭店、写字楼等高层建筑和家庭中得到广泛应用。

烟雾报警器（见图3-3、图3-4）具体原理是，内有一个电离室，电离室内置一枚活度极小能放出α粒子的^{241}Am放射源（活度约0.8 μCi），正常状态下处于电场的平衡状态，当有烟尘进入电离室会破坏这种平衡关系，报警电路检测到浓度超过设定的阈值时会发出警报。

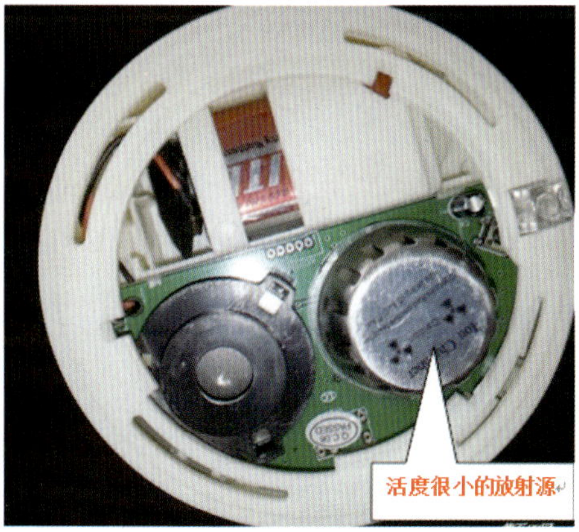

图3-3 烟雾报警器

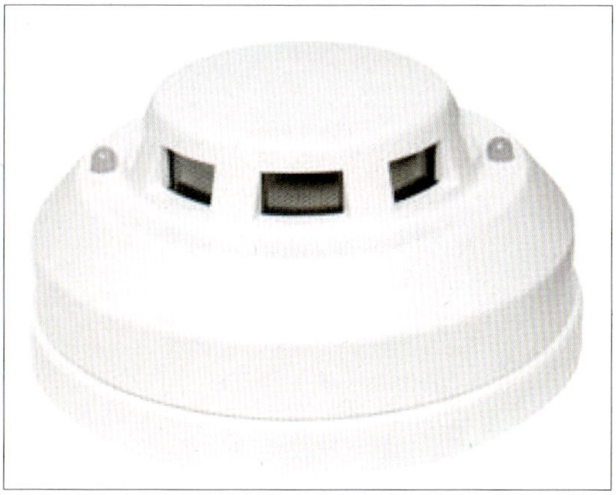

图3-4 烟雾报警器

三、“斤斤计较”的核子秤

核子秤，顾名思义是一种秤，但却是能“隔空称量”的秤。

在水泥、煤炭、炼焦、钢铁等行业的生产过程中需要对散装物料在线连续计量和监控，一般的手段难以完成此项任务，但核子秤利用物料对γ射线束吸收的原理，可实现对输送机传送的散装物料进行在线连续计量。

基本原理是：把放射源和射线接收传感器分别放置在传送带的上下两侧，根据射线穿过传送带上物料的计数率，实现连续称量输出物料的重量，示意图见图3-5、图3-6；实物现场图见图3-7～图3-9。

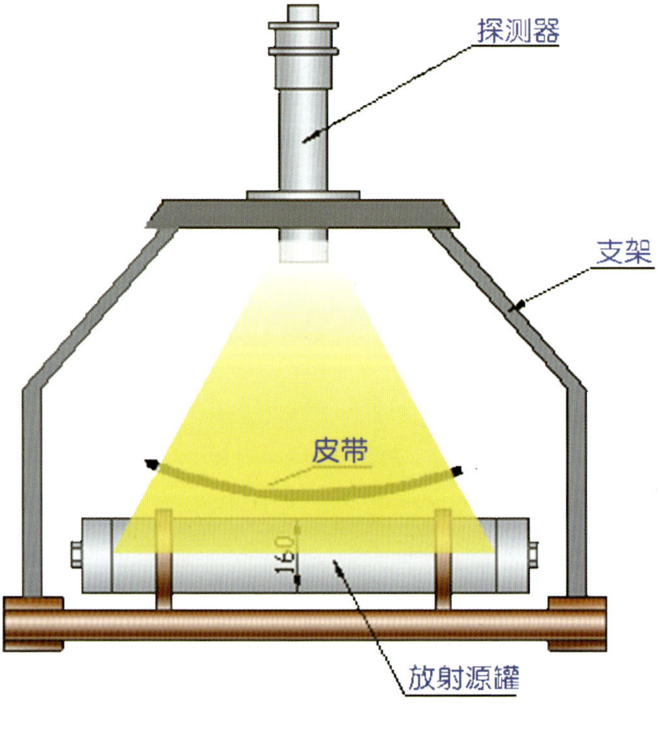

图3-5　核子秤原理图1

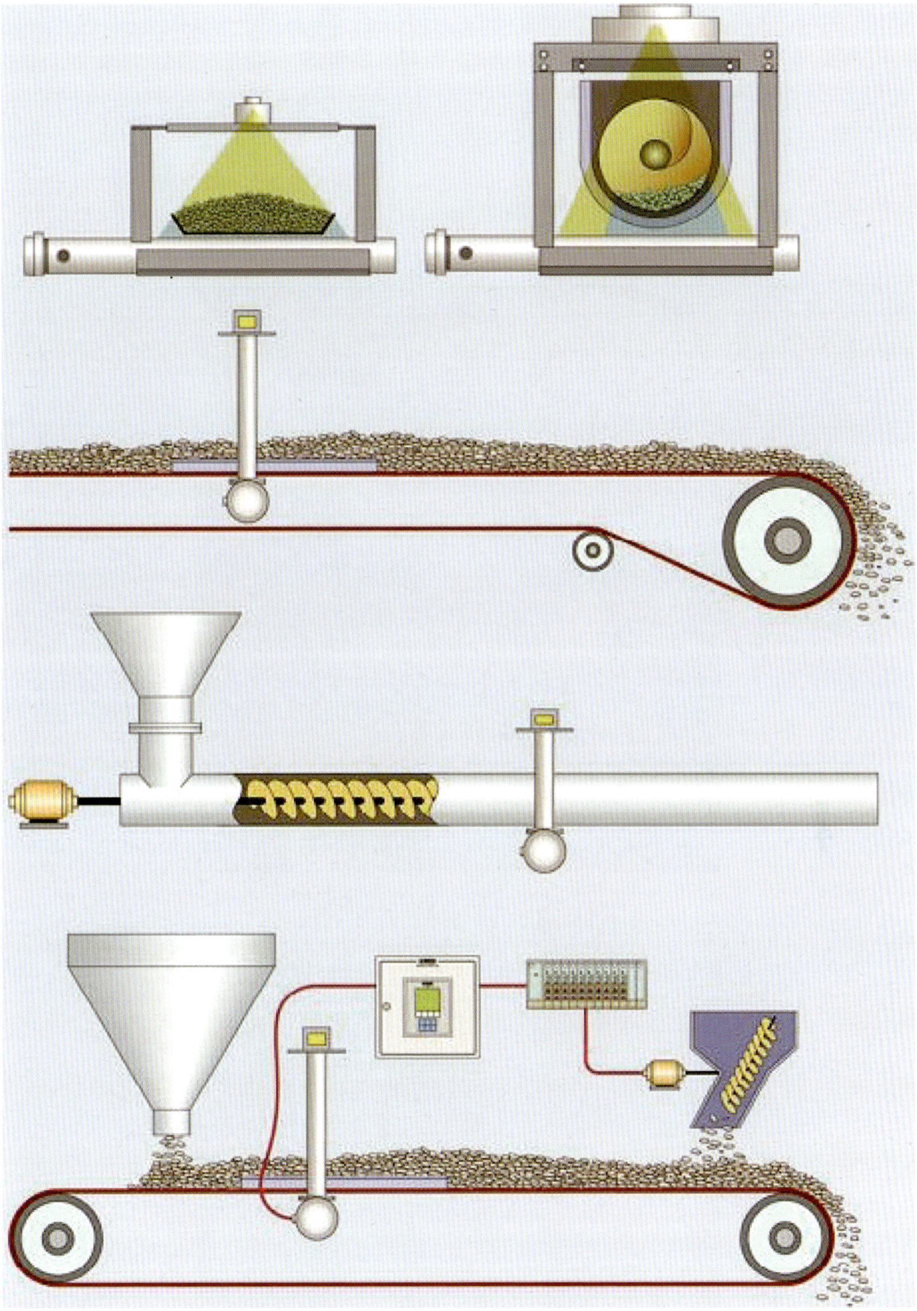

图3-6 核子秤[15]原理图2

图3-7　核子秤实用图1

图3-8　核子秤实用图2

图3-9　核子秤实用图3

核子秤具有如下特点：非接触式测量（"隔空"），不受物料温度、腐蚀性、皮带张力变化及皮带机震动影响，克服其他称重设备因机械变异（皮带跑偏、磨损、张力变化、物料冲击）等因素引起的仪器测量误差，动态测量精度高；能在高温、高粉尘、强振动的恶劣环境中工作，环境适应性强，长期稳定性好。

其实，核子秤仅是同位素仪表的一个代表，基于射线与物质作用原理的同位素仪表，还有密度计（见图3-10、图3-11）、湿度计以及料位计（见图3-12、图3-13）等，它们设计构造基本相似，分别在不同的工业生产场所中发挥着不可替代的作用。

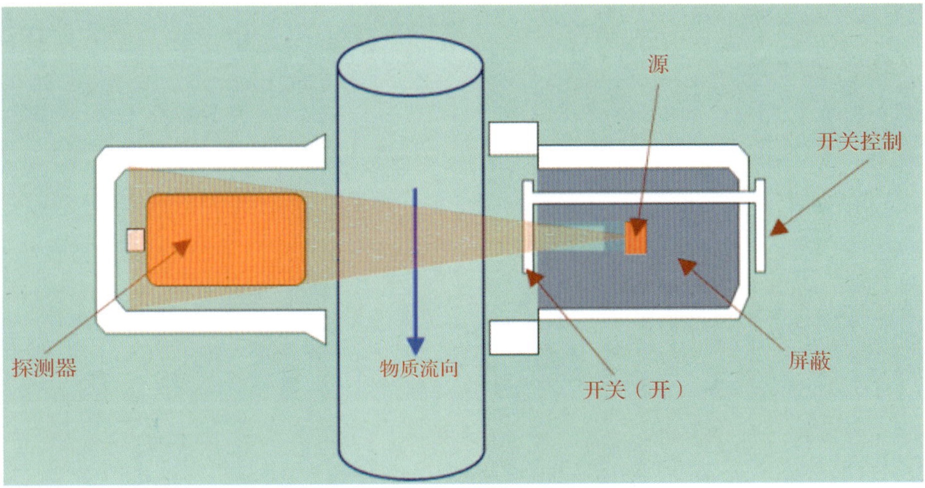

图3-10　密度计示意图

图3-11 密度计实用图

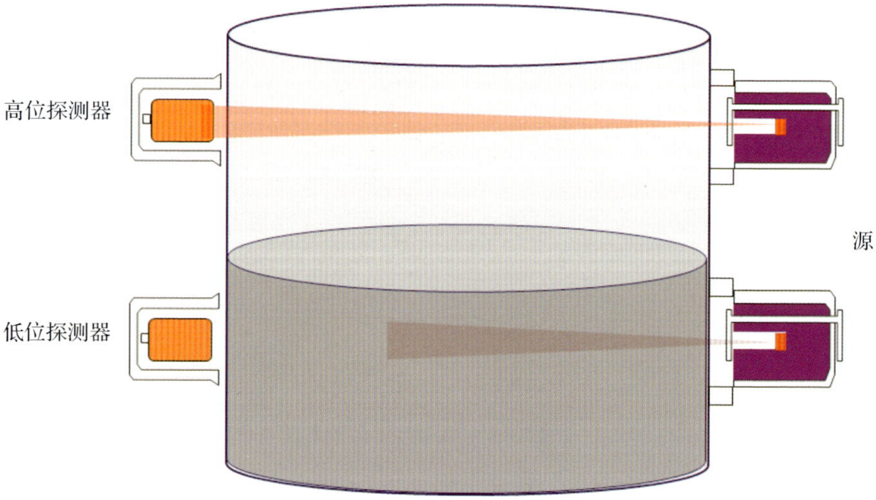

图3-12 料位计示意图

图3-13　料位计实用图

第二节　非凡的辐射加工

辐射加工，被誉为人类“加工技术的第三次革命”，是指利用射线辐照被加工物体，使其品质或性能得以显著提升的技术。这种技术有别于传统的机械加工和热加工技术，射线深入到物质内部进行“加工”，其原理并非基于分子热运动，而是射线与物质相互作用产生的各种效应，且在常温下进行，是一种清洁的加工技术。

国内外，辐射加工在高分子材料、食品保藏、卫生医疗用品的消毒等诸多领域广泛应用。

一、辐射改性得良材

人们利用辐射加工制造出具有特殊属性的材料，解决了生产、生活中的难题，如信息功能材料、能源功能材料、智能材料、生物材料、碳素材料、环保材料、高性能结构材料、功能高分子材料、先进复合材料等等。

电线、电缆常常长期被埋在地下泡在水中或长年累月暴露在空气中经受着风吹雨淋和日晒，因而它要有优良的电气性能的同时还要具备较强的抗氧化性能。航天航空、海上采油、通信、核能开发等许多领域都会用到高品质的电线电缆，辐照加工帮人们解决了上述问题[23]。

聚氯乙烯受到γ射线或电子束照射后，聚氯乙烯分子间的柔性线性结构交联为刚性的三维立体结构，使材料性质发生显著变化，具有“记忆”原来形态的性能，可通过加热恢复原状，此外还具有良好的阻燃性、耐寒性、耐热性、耐恶劣环境等特点。这种材料制成的电缆（见图3-14）已广泛应用于大亚湾核电站、神舟五号航天工程、三峡水利枢纽、庆祝建国50周年天安门广场改造等国家重点工程项目中。

图3-14　辐射加工的电缆

含胶双壁热缩套管（见图3-15）外层采用优质的聚烯烃合金，内层热熔胶复合加工而成。经电子加速器辐照交联、连续扩张后形成最终产品：外层具有柔软、低温收缩、绝缘、防腐、耐磨等优点，内层具有低熔点、粘附力好、防水密封和机械应变缓冲性能等优点。这项技术广泛应用于电子设备的接线防水、防漏气，多股线束的密封防水（如家电线束、汽车线束等），电线电缆分支处的密封防水，金属管线的防腐保护，电线电缆的修补，水泵和潜水泵的接线防水等作业。

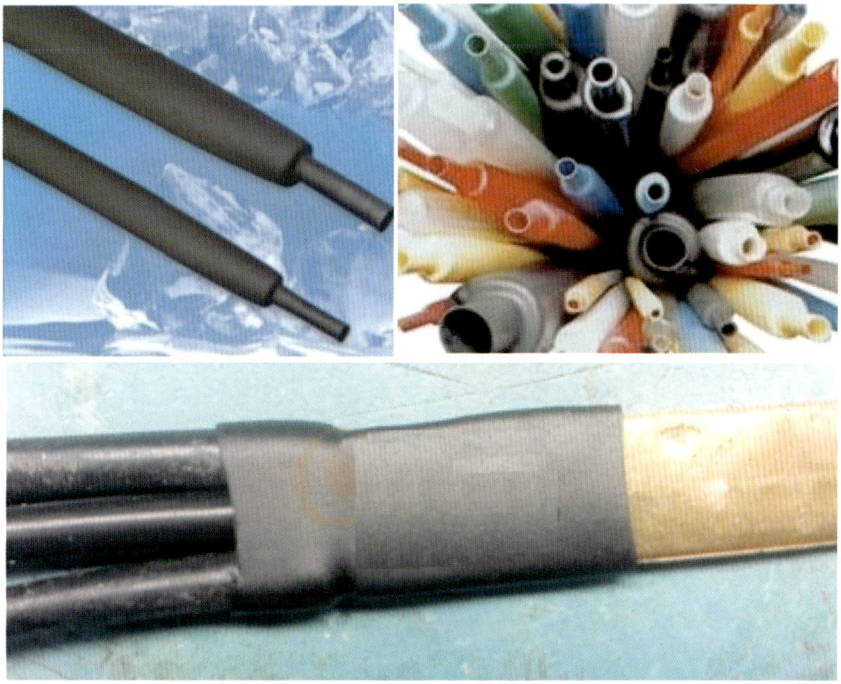

图3−15　辐射交联热缩套管[16]

利用“记忆效应”，还可以制造热缩膜。热缩膜可以做保鲜食品袋（热缩袋，见图3-16）。装进食品抽真空之后，再加热，食品袋就会强烈收缩，紧贴在食品上。这样，食品就可以隔绝空气，长期保存不变质，确保食品安全。人们从超市买来的烧鸡、烤鸭就是这样的包装。

图3-16 辐射加工的热缩袋

二、病毒细菌的"快速杀手"

有数据显示，每张人民币平均含菌量17.8万个，5角、1元、1角面额的纸币，每张附带的菌数更高达1 800万个。人民币在流通过程中接触人员众多，层次复杂，已成为致病细菌传播的重要途径之一，因此钱币需要消毒。除此之外，医疗用品、食品、餐具、衣物等也都需要消毒灭菌。可以说消毒灭菌已经成为人类生活重要的组成部分。

常规的消毒灭菌方法有高温高压、气体熏蒸消毒，但这两种方法有较大的缺点。高温高压法存在灭菌不彻底的弊端，同时对材料有所选择，不适用于那些对热敏感的材料（如塑料制品、一些橡胶制品等）。气体熏蒸方法是用化学气体熏蒸物品从而达到消毒、灭菌的方法，该方法主要使用环氧乙烷、溴甲烷等化学物质。因此，要求包装材料必须透气（又不能透菌），否则在产品中将有化学物质残留，同时不能渗进气体的地方将会有微生物残留。特别值得指出的是，这些化学物质是强致癌物质，虽然对残留量有严格的限值，但毕竟还是有残留，对人类健康造成一定的程度的威胁。因此，欧共体及其贸易伙伴自1991年起就明文禁止在医疗保健行业采用环氧乙烷、溴甲烷熏蒸法进行灭菌处理。根据1989年《蒙特利尔议定书》条款，必须停止使用损害臭氧层的二溴化乙烯，溴甲烷或环氧乙烷等用于食品熏蒸和灭菌的化学物质。

取而代之的是无污染的^{60}Co等γ射线辐照灭菌法[17]。辐照灭菌法就是利用放射源的γ射线及加速器产生的高能电子束或X射线照射被灭菌物品。射线会破坏物品中微生物的结构(直接或间接破坏微生物的核糖核酸、蛋白质和酶)，从而发挥杀灭微生物的作用。辐射灭菌较前两种灭菌方法有很大的优势，非常适用于医疗用品的灭菌消毒：1）辐射灭菌的处理是在常温下进行的，适用于对热敏感的塑料制品、生物制品和药物（见图3-17～图3-19）；2）辐射穿透力强，杀菌均匀彻底，能够辐照密封包装产品；3）辐射灭菌速度快，可连续作业，适合于大规模加工（加工现场见图3-20）。

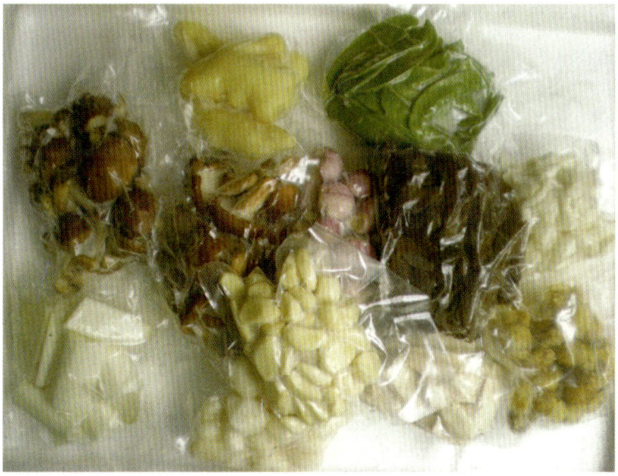

图3-17　辐照灭菌食品

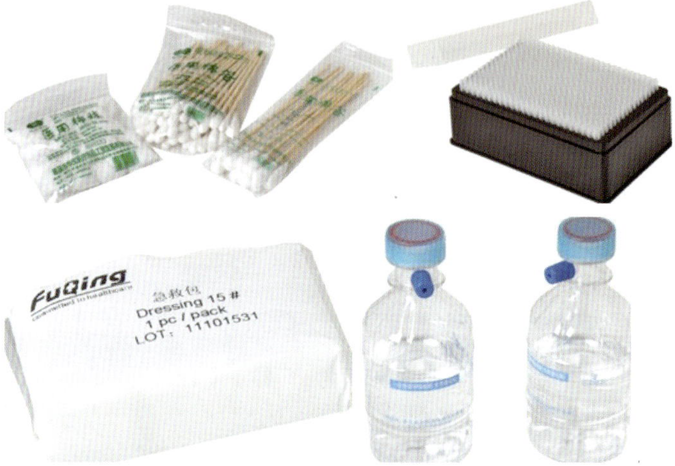

图3-18　辐照灭菌医疗用品

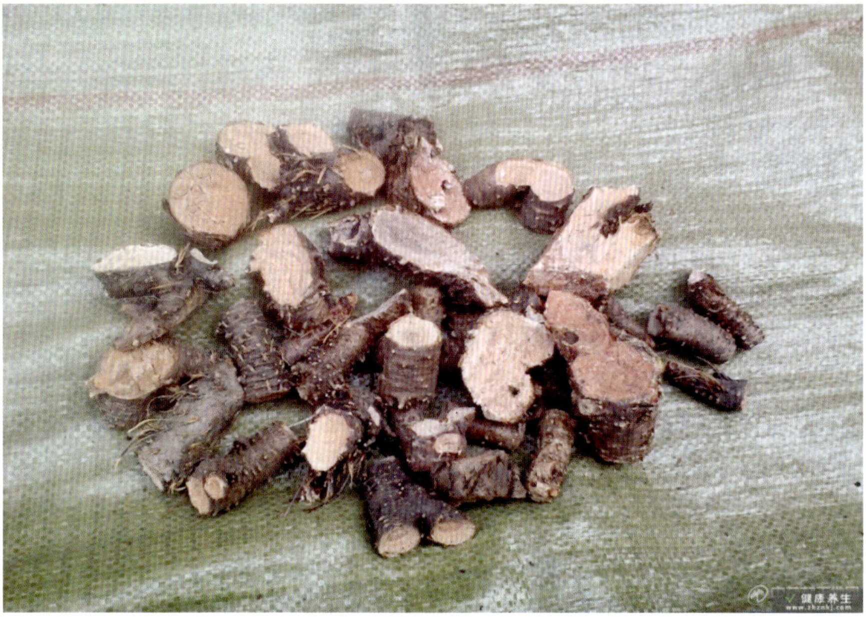

图3-19　辐照灭菌中药材

图3-20 辐照灭菌现场[18]

三、辐照保鲜绿色无毒

相较于使用药物保鲜食品，辐照保鲜持久，且无残留。

日常生活中许多植物食品，会在适当的条件下发芽、发霉甚至腐烂导致不能食用，如发芽的土豆含有大量龙葵素，食用后会引起中毒症状。植物发芽是繁衍生殖的自然属性，而往往只需要小一部分用于繁殖新物品，大部分用于日常餐桌上食用。因此，用于食用的产品应采取适当措施防止其发芽繁殖。

人们发现，射线可以降低或抑制植物中的分生孢子，延长食品的休眠期甚至终止食品的生命活动，从而达到保存食物的目的。此外如辐射灭菌一样，射线还能杀灭食品中的细菌或植物害虫，防止微生物引起的食品腐烂，延长食品的保存期，提高食品的卫生品质。

例如，流通在各大超市里面的定量小包装鲜肉产品，普通包装的产品在2～4 ℃时鲜肉的保质期是2天，即使采用真空包装，其保质期也只有5～7天。但是，如果采用真空包装再利用低剂量辐照处理，该产品可在2～4 ℃范围内保质期延长至30天。这样才能有足够的时间“漂洋过海”来丰富人们的餐桌。而且经过辐照处理的鲜肉已经有效地杀灭了各类寄生虫和致病菌，有利于各类食源性疾病的预防（见图3-21）。

图3－21　辐照保鲜的食蔬

新捕捞的鱼虾，新屠宰的猪羊肉，经过清洗、装进包装袋、抽真空密封和射线辐照灭菌处理等环节后，人们食用时既方便卫生又新鲜可口（见图3-22）。图3-23给出了经过辐照加工食品的标志。

图3－22　辐照保鲜海鲜

图3－23　辐射食品标志

四、杀灭顽固的细菌

2001年美国发生了炭疽攻击事件，从9月18日开始有人把含有炭疽杆菌的信件寄给数个新闻媒体办公室以及两名民主党参议员。这个事件导致五人死亡，17人被感染，一度引起世界各国恐慌。为杀灭炭疽菌，美国政府紧急采用电子加速器对接收的邮件进行辐照，阻止了炭疽菌的进一步传播和扩散，从而化解了炭疽菌危机。

为什么炭疽菌如此可怕？专家告诉我们说，炭疽菌以孢子形式传播，那些几乎无生命的孢子藏在邮件里，无论是严冬或酷暑，外界的变化对它们都不起作用，孢子们在静静地等待时机，一旦被人们接触，它们就会成为致命病菌。

我国自行开发研制的自屏蔽式电子束辐射灭菌加速器（见图3-24），其电子枪可发射出高功率的电磁波，当传送带上的被照射物品通过高能电子辐射区后，被辐射物品中的生物细菌就会被全部杀死，可杀灭邮件、邮包中的炭疽菌、天花、鼠疫等生物细菌，而经过处理的邮件和物品不会残留任何放射性。

图3-24 电子加速器邮件消毒灭菌

辐射加工利用γ射线和电子束用于高分子合成、材料改性、灭菌、卫生材料和药品的消毒及食品保鲜，具有显著的优点。首先，与化学法相比，无需高温高压，不需要引发剂、催化剂，基本属于“冷加工”，可用于热敏材料和生物功能材料等的加工；第二，利用电离辐射的穿透性无需对包装好的物品进行拆包加工；第三，加工过程可以实现自动化，实现连续做工，减少人力成本；第四，加工过程对环境对环境影响小，除少量臭氧外，几乎无有害物质产出并排放。用于辐射加工的电离辐射主要来源于伽玛辐照装置和电子加速器。

五、辐照装置

辐照加工是在辐照加工厂里进行的，其进行辐照加工的设施通常叫做辐照装置。辐照装置内部区域分控制区和监督区。控制区墙壁厚实，门禁严密，还设有迷道，确保射线无法穿出控制区。辐照加工时控制区内严禁有人员停留。监督区内主要有操作台和监视报警系统，通过多重技防设施，确保辐射安全。在辐照装置内部，应用广泛的放射源是^{60}Co，^{60}Co放射源被放置在辐照室的水井内屏蔽存放。当辐照作业时，操作人员通过控制台将放射源从水中吊起至工作位，辐照围绕在放射源周边的物品。常见γ辐照装置以放射源为核心，包括放射源升级系统、控制系统、产品传输系统等辅助系统。以动态悬挂链式辐照装置（见图3-25～图3-27）为例，其受照物品由悬挂货箱经运送轨道送入辐照室，工作时辐照室控制区内无任何人员。其原理类似于挂炉烤鸭，其中放射源就好比燃烧的木炭，货箱就似烤鸭。

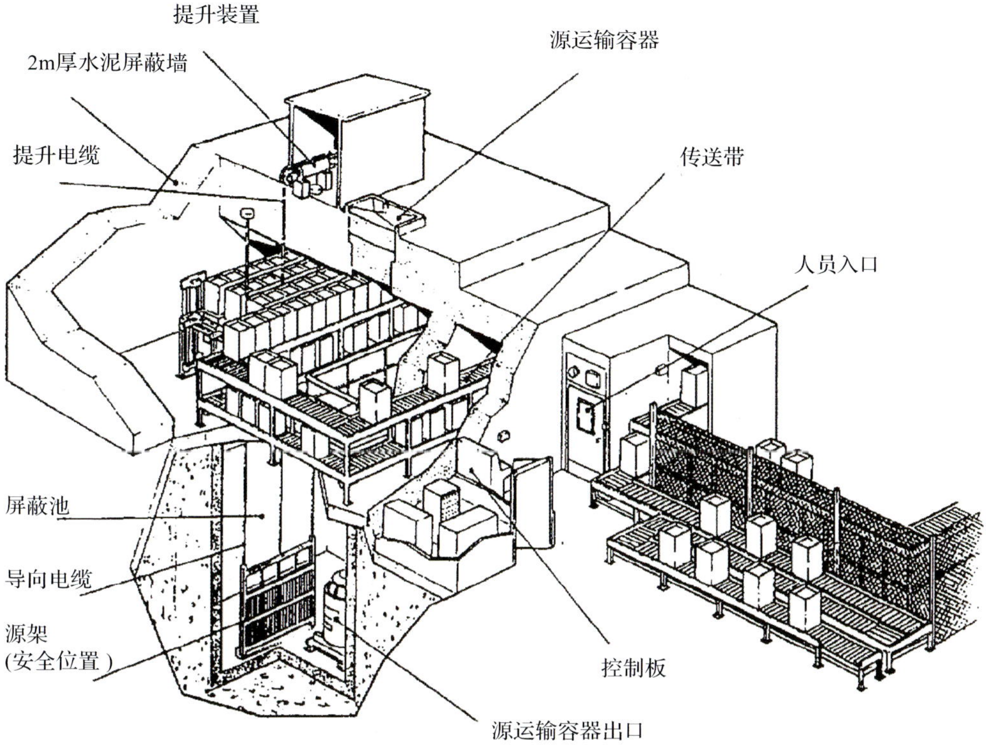

图3-25　动态辐照装置结构图

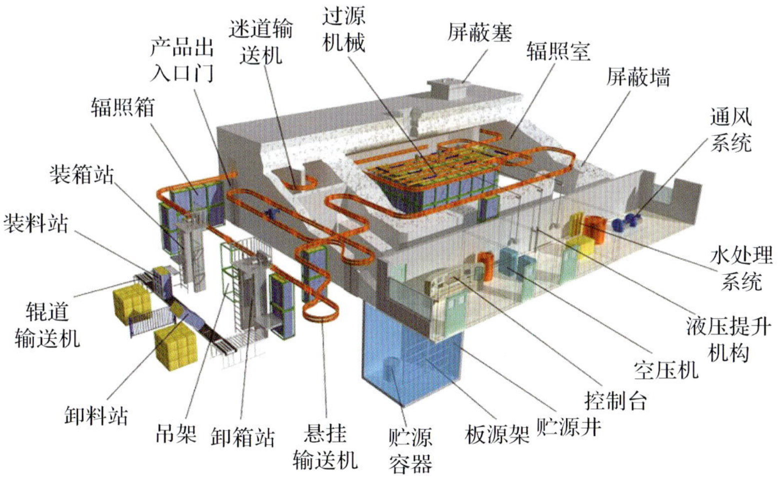

图3-26　悬挂链式动态γ辐照装置[19]1

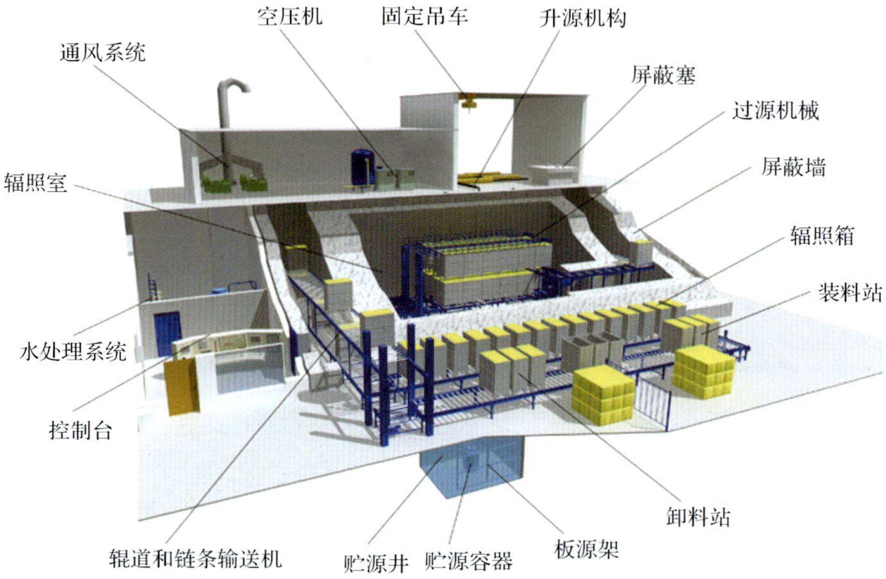

图3-27　悬挂链式动态γ辐照装置[20]2

除了γ辐照装置外，加速器装置（见图3-28）是辐射加工另一个重要的射线源。加速器装置是以电子加速器为核心设备的产生、加速、引出和应用带电粒子束流的装备。电子加速器与放射源的重要区别是，只有在通电高压状态才发射射线，而放射源的特点是无时无刻都有放射性直至衰变为稳定的核素。加速器装置一般设在专门的混凝土屏蔽房间内，电子加速器被断电断压后射线立即停止发出，因此在停工期间无须特别防护人员即可安全进出辐照加工车间。辐照加工时，加速器被通电加高压，电子束流被引出并辐照产品。加速器装置的受照物品传动系统类似于辐照装置辐照加工车间通过工程设计和安全管理等措施防止人员进入。

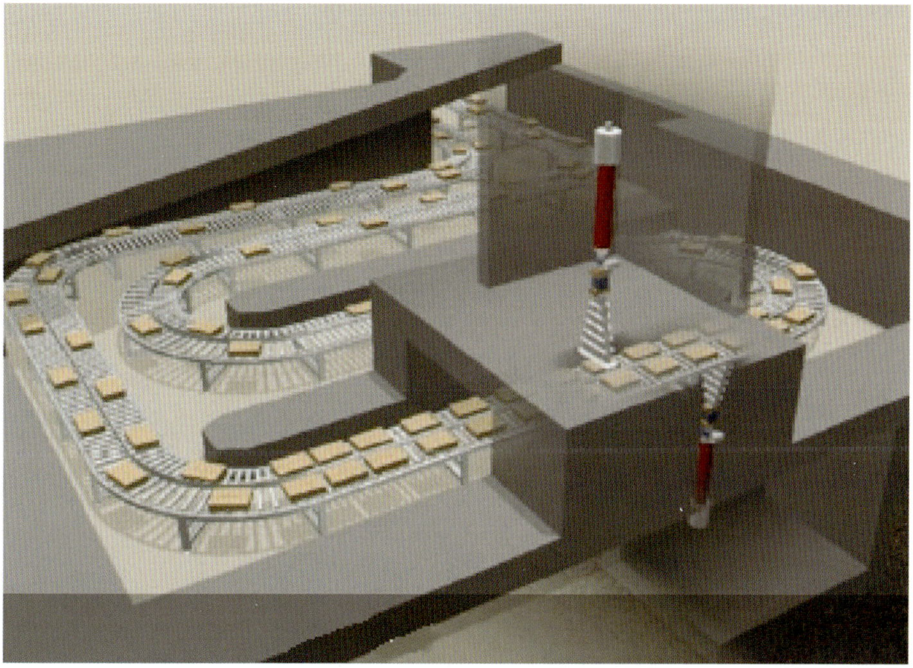

图3-28 电子加速器辐照装置[21]

第三节 探伤检漏的“透视之眼”

“千里之堤溃于蚁穴”语出《韩非子-喻老》，揭示了千里长堤虽然看似十分牢固，却会因为一个小小蚁穴而崩溃的哲理。在一些巨型舰船焊接、大型堤坝建造等施工中，为避免此类事故的发生，人们极力寻找隐藏在建造主体内部细小“伤口”，这可能是一个没焊接好的砂眼，也可能是一条肉眼不可见的缝隙。

由于X射线、γ射线具有较强的穿透能力，可以在不损害或不影响被检对象使用性能的前提下，检测被检对象中是否存在缺陷或不均匀性，给出缺陷的大小、位置、性质和数量等信息，进而判定被检对象所处技术状态（如合格与否、剩余寿命等）。这就是基于射线成像原理的无损探伤技术，仿佛在透视被检对象的内部，因此，探伤检漏又叫无损探伤俗称“透视之眼”。

目前应用最广泛的是X射线探伤技术和γ射线探伤技术。X射线探伤装置（见图3-29）采用X射线发生器产生X射线，γ射线探伤装置（见图3-30）通过装置内部的γ射线源产生γ射线。被检工件由于成分、密度、厚度等的不同对射线产生不同的吸收或散射。采用适当的探测器拾取射线照射被检工件形成的投射射线强度分布图像（见图3-31、图3-32），最后就可对被检工件的质量、尺寸、特性等作出判断。探伤作业现场如图3-33、图3-34所示。

图3-29　X射线探伤装置

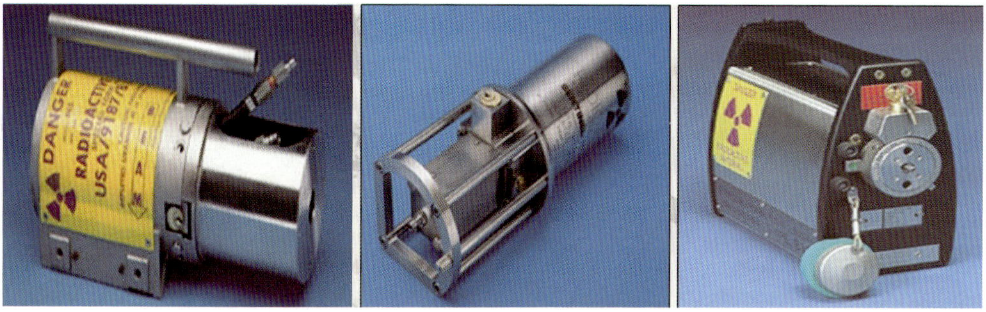

图3-30 射线探伤机

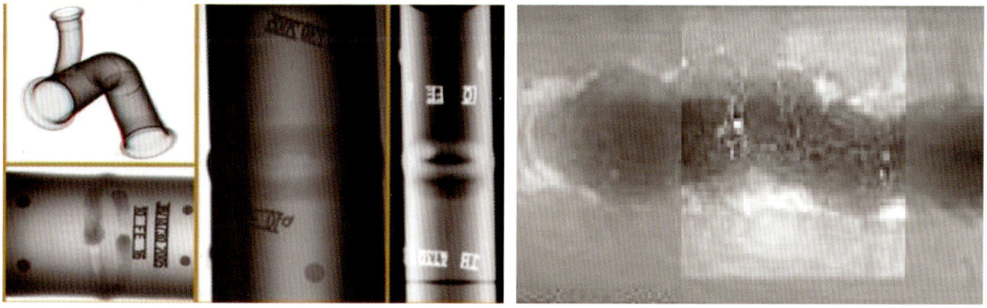

探伤成像图像

焊缝缺陷图像（可清晰分辨气孔和微裂纹）

图3-31 射线探伤影片1

图3-32 射线探伤影片2

图3-33　探伤作业现场1

图3-34　探伤作业现场2

第四章 多“才”多“艺”之农业领域

植物的种子经一定量的射线照射后基因可发生改变。人们利用辐射技术培育出抗病、抗虫、耐寒、耐旱、早熟和高产的优良品种。我们将核技术与农业科学技术互相渗透和结合的学科称之为“核农学”。主要研究核素、核辐射及相关核技术在农业科学和农业生产中的应用及其作用机理。核技术是增加农业生产、提高农业产品品质的最有效手段之一，可为农业提供优质良种、控制病虫害、延长存储时间、保持营养品质等。

第一节 辐射育种五谷丰登

辐射育种是指利用辐射诱变技术选育农作物新品种，即利用射线照射农作物的种子、花粉、植株或枝条等，引起农作物内部的遗传基因的改变，从而产生各种各样的变异甚至是自然界没有的变异。辐照过的种子、植株，经过人工几代选择和培育，便可获得新的优良品种。

1934年，印尼科学家托伦纳利用X射线照射烟草，育成烟草新品种，开创了农作物辐射育种新纪元。我国的辐射育种起步于1958年，起步晚但辐射育种成绩斐然，诱变育成育变品种占世界诱变品种总数的25%以上。育变品种的种植面积在900万公顷（1公顷 = 10^4 m^2）以上，先后有18个品种获国家发明奖，如：鲁棉一号（见图4-1）、水稻原丰早、小麦山农辐63等。每年为国家增加粮食40亿公斤，棉花2亿公斤，油料0.75亿公斤，创经济效益每年达40亿元人民币[2]。

图4-1　鲁棉一号

浙江农大育成水稻新品种“浙辐802”连续9年居全国常规稻推广之首，累计种植面积达1 050万公顷，成为世界上推广面积最大的水稻育变品种（见图4-2）。中国农科院原子能利用研究所利用辐射诱变和花药培养方法，选育出大穗、矮秆、抗病的超高产小麦新品系“H92-112”，产量达9 t/公顷左右。山东省农科院原子能利用研究所继“鲁棉一号”之后，利用辐射诱变和常规育种方法相结合，选育出具有陆地棉和海岛棉性状的长绒棉新品系“鲁棉343”，其最大绒长达36.4 mm，并适宜在黄淮棉区种植，是我国在选育改良长绒棉花品种研究中的一个突破进展。

图4-2 辐照育出的水稻品种原丰早

全世界利用辐射育种培育出的新品种已有2 000多种，播种面积已达几千万公顷；我国培育出620多个新品种[2]。

其中，图4-3，谷穗图中，右侧谷穗为辐射培育的新品种，提高了产量；花朵图中下部为培育的新品种，较原种亮丽。

图4-3 辐照育出的新品种[21]

第二节　防治害虫有一手

"以虫治虫"环保无残留。

世界上每年约有25%～35%的作物遭受虫害，使用农药杀虫会有农药残留、还会产生抗药性，污染环境，破坏生态平衡。现在人们喜欢绿色食品，减少杀虫剂的使用已成为人们的强烈呼声。辐射灭虫提供了一个绿色的灭虫方法，辐射灭虫是通过使昆虫失去繁殖能力，从而减少他们的数目。现在世界上很多国家使用辐射灭虫技术并取得了较大的成效[23]。

昆虫辐射不育技术是一种"以虫治虫"的生物防治方法，对人类的生态环境不产生消极影响。它是利用射线对害虫的虫蛹或成虫进行一定剂量的照射，使雄虫全部或者部分丧失延续后代的能力，并可遗传到下一代，使下一代比当代更不育。由于辐照后的昆虫仍能保持正常的生命活动并寻找配偶，将经过辐照处理的不育昆虫在虫害地区连续大量释放，就可使其同正常昆虫进行交配而不产生后代。经过几代之后，自然种群因不育而数量减少，以致有可能完全消灭这一地区的虫种。此法不会造成环境污染，对人、畜和天敌无害，防效持久，专一性强，对消灭螟虫、棉铃虫等钻进植物体内隐蔽、药剂和天敌很难触及的害虫效果尤佳。

我国自20世纪60年代以来，先后对玉米螟、蚕蛆蝇、小菜蛾、柑橘大实蝇、棉铃虫等10多种害虫进行辐射不育研究、工厂化饲养和大面积田间释放，效果达90%以上。特别是对柑橘大实蝇的人工饲养成功并在贵州惠水县1.8公顷计10多万株柑橘树的橘园内，连续释放200多万头不育虫蝇，将柑橘大实蝇的受害率由释放前的5.19%下降到0.098%，柑橘年产量由23.7万公斤上升到50.3万公斤，取得显著效果[2]。

来自商务部的趣闻一则：

2015年6月10日，据《环球报》，以色列将当地4亿只辐射绝育处理后的果蝇到巴尔干半岛国家以消除当地果蝇（见图4-4）给农业带来的损失。这些以色列果蝇将在几个月内遍布克罗地亚和波斯尼亚周边的果园。商务部网站截图如图4-5所示。

中华人民共和国商务部
Ministry of Commerce of the People's Republic of China

当前位置：首页 >> 驻外机构 >> 经贸新闻 >> 西亚非洲

以色列出口绝育昆虫防治地中海果蝇

文章来源：驻以色列经商参处 2015-06-10 21:53 文章类型：编译 内容分类：新闻 【大 中 小】【打印】

据《环球报》，以色列将出口当地4亿只通过放射性设备绝育处理后的果蝇到巴尔干半岛国家以消除当地果蝇给农业带来的损失。这些以色列果蝇将在几个月内遍布克罗地亚和波斯尼亚周边的果园，驱逐当地果蝇。

此批果蝇由位于以色列有机农庄Sde Eliyahu基布兹的生物昆虫公司BioBee提供，该公

图4-4 辐射绝育昆虫商务部网站截图

此批果蝇由位于以色列有机农庄Sde Eliyahu基布兹的生物昆虫公司BioBee提供，所有果蝇均通过精准辐射绝育。该公司主要通过开发生物天敌控制生物虫害，以减少农业生产中化学杀虫剂的使用。此次4亿果蝇的招标活动中，BioBee在竞标时击败一家西班牙公司，获得价值100万谢克尔（以色列的官方货币）的合同。

图4-5 果蝇

第三节 神奇的农业示踪

同位素示踪技术在农业中的应用是核农学研究的重要组成部分,主要用于揭示和阐明农业生产过程中各种因素的作用机理，为农业技术的实施、环境评价及宏观管理提供科学依据。

同位素示踪技术是利用放射性核素作为示踪剂对研究对象进行标记的微量分析方法。

基本原理：把化合物中的非放射性原子用同一元素的放射性原子所取代，例如把有机化合物中的^{12}C原子用^{14}C原子代替等。由此即可以在化学、生物效应或迁移过程中跟踪这些放射性核素的行迹。

农业中的同位素示踪技术有以下几方面：用示踪剂研究化肥在植物体内的分配和运转，了解营养元素被作物吸收的过程，指导合理施肥；用示踪技术研究农药等有毒有害物质在生态环境中的迁移规律及污染物与环境因子相互作用机理，对农业的生态环境进行控制和治理；用示踪技术研究氮素转化、肥料氮在土壤中的移动和固定、氮的循环以及氮的利用和损失；用示踪剂标记昆虫后释放，再在不同的时间和地点捕捉昆虫并检测其放射性，研究其迁飞的速度和分布范围。

第五章 多“才”多“艺”之考古领域

日出日落，人类生生不息，悠悠万事，皆付诸于历史的长河；有多少事实和真相被埋没或掩藏，后人皆不得而知。然而，核技术给我们提供了探知过去还原事件真相的可能，并已成功解开很多历史谜题。

第一节　破解光绪皇帝死亡谜案

公元1908年11月14日的傍晚，38岁的光绪皇帝在囚禁了他10年之久的中南海瀛台含恨离世。紧随其后，第二天下午，不到24小时，掌控晚清政权达半个世纪之久的慈禧太后死在了中南海仪鸾殿内，终年74岁。消息一出，震惊海内外。很多人士纷纷怀疑光绪死于谋杀，但是猜疑归猜疑，由于没有确凿证据，在其后的近100年内都扑朔迷离，光绪的死因也成为史学界一个无法破解的历史谜案。

2008年，谜底被揭开了。在光绪皇帝死亡100周年之际，国家清史编撰委员会宣布光绪皇帝死于急性胃肠型砒霜（化学成分三氧化二砷）

中毒。这是国家清史编撰委员会联合多方力量并利用核技术的研究结果。中国原子能科学研究院利用中子活化分析（核分析技术之一）发现，光绪尸体上仅沾染在部分衣物和头发（见图5-1、图5-2）上的砒霜总量就已高达约201.5 mg。根据相关研究，人口服砒霜60 ~ 200 mg就会中毒死亡。光绪摄入体内的砒霜总量明显大于致死量。

图5-1　光绪的龙袍

图5-2　光绪的头发

中子活化分析是以中子轰击待分析样品，使样品中元素的同位素发生核反应，通过测定轰击产生的射线，从而定性和定量分析物质中元素的方法。

第二节　揭开“耶稣裹尸布”之谜

在意大利都灵大教堂范围之内的萨夫瓦公爵世家的一座小礼拜堂里，保存着一块14尺5寸（1m=3市尺 = 30市寸）长、3尺8寸宽的亚麻布，传说这是耶稣的裹尸布（见图5-3），布上隐隐约约有一个人的前身和后身的影像。这块布每一百年大约只拿出来公开展览四次，每次展览，远近成千上万的教徒都赶来瞻仰。

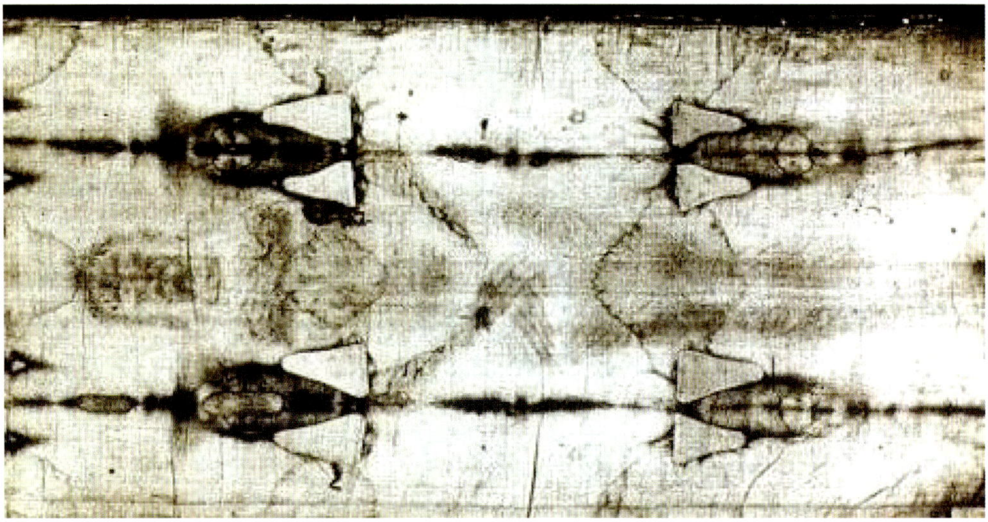

图5-3 传说中的裹尸布

相传耶稣被第十三个门徒犹大出卖，当权者将其钉在十字架上，后来信徒发现耶稣死而复生，只留下了一块裹尸布。裹尸布一直被教徒视为神迹，梵蒂冈亦早已认定裹尸布是神迹，但这也是基督教在全世界保存得最严密，引起最大争论的一件遗物。由于社会上对耶稣裹尸布的真伪众说纷纭，1986年，梵蒂冈终于同意用^{14}C年代测定法来辨别裹尸布的真伪，结果证明，这块裹尸布的年代，大约在公元12至13世纪之间的可能性为95%，是中世纪的赝品。这个存在几世纪的历史悬案，就这样被放射性同位素测定法解决了。

^{14}C年代测定法，是根据核素^{14}C衰变的程度来计算出样品的大概年代的一种测量方法。在活着的有机物体（人、动物和植物等）内，有一部分碳元素为稳定同位素^{12}C，还有一小部分是放射性同位素^{14}C。生物活着时，生物体与外界保持物质交换，其体内^{14}C是平衡的；而当死亡后，

与外界交换停止，其体内的^{14}C就开始衰变，但稳定同位素^{12}C的含量不会变。这样可以通过测量样品中的^{14}C衰变的程度来计算出样品的年代。

第三节 测定“北京猿人”年代

周口店北京猿人遗址（见图5-4）的发现是世界人类学研究史上一个重大事件，但对其年代一直众说纷纭。1978年，采用裂变径迹探测器方法，测量猿人洞第十层猿人用火留下的灰烬层中榍石的^{238}U自发裂变径迹，做出了北京猿人生存年代为46.2万年的结论。在2009年3月，我国科学家又采用更为先进的“铝铍埋藏测年法”的技术手段，检验提取自遗址下部的第7～10层石英砂样品中的铝、铍两种元素的衰变率，得出北京猿人生活的年代可推前到距今约77万年（误差8万年）前。这一最新测定结果把北京猿人的生存时间推前约20多万年。

图5-4　北京猿人

第六章

多“才”多“艺”之航天领域

“可上九天揽月，可下五洋捉鳖，谈笑凯歌还。世上无难事，只要肯登攀。”这是毛泽东主席创作于1965年的《水调歌头•重上井冈山》中的诗句。在50年后的今天，回头来再看这首诗，不得不佩服毛主席的高瞻远瞩。中华民族现如今，真的已经做到了“九天揽月”——嫦娥三号登月成功；“五洋捉鳖”——蛟龙号创造载人深潜新的历史纪录；我们在欣赏诗词，为祖国喝彩的同时，也能体会到革命前辈们的精神。

生活中，我们出行的交通工具都需要动力驱动，比如说汽车、轮船的发动机，那么，您有没有听说过“核动力”这个词呢。核动力是利用可控核反应来获取能量，从而得到我们所需的热量和电能。利用核反应来获取能量的原理是：当裂变材料（例如^{235}U）在受人为控制的条件下发生核裂变时，核能就会以热量的形式被释放出来，这些热量会在蒸汽发生器内产生蒸汽，蒸汽推动汽轮发电机来产生电能。

看完核反应的原理之后，大家是不是有似曾相识的感觉呢。没错，核电厂的发电原理其实亦是如此。所以，核动力除了大规模应用于核电站发电外，也可用于潜艇、航空母舰和人造飞船之上。

第一节 放射性同位素电池

核动力飞船是使用核电源的人造航空器。核电源有着工作寿命长，性能可靠，不需要光照，能提供较大功率等优点。核动力飞船用的核电源有两类：一类是放射性同位素电池，一类是空间核反应堆电源。今天要带大家认识的是放射性同位素电池。

放射性同位素电池（简称RTG）是20世纪60年代迅速发展起来的一种电池。这种电池的发电原理是利用放射性核素衰变时，会释放出衰变能这一特性，常用的核素有^{238}Pu、^{210}Po等。放射性同位素电池的本领非常大，它是利用温差电材料的塞贝克效应，将放射性核素的衰变能所释放的热能转换成电能，与其他电源相比，放射性同位素电池具有寿命长、体积小、结构紧凑、比容量高、工作可靠和不受周围环境影响等优点，示意图见图6-1。本领高强的放射性同位素电池可作为人造卫星、宇宙飞船、海洋工程、陆地无人管理气象站等设施的使用电源，上至浩瀚宇宙，下至深邃海洋，都有它的身影。放射性同位素电池的功率一般在瓦级到数百瓦级之间。1977年，美国发射了携带^{238}Pu核电池的旅行者一号航天器，发回了木星、土星的详细照片。目前，它已飞行了38年，离开了太阳系，到达了从来没有探测器到达过的宇宙空间，核电池将保证旅行者号上

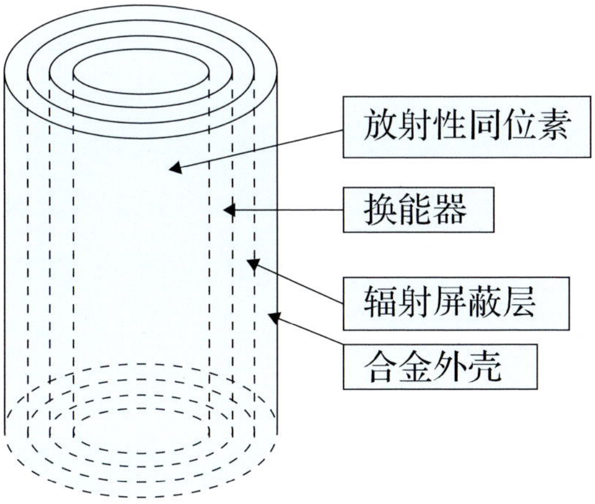

图6-1 同位素电池结构示意

搭载的科学仪器继续工作到2025年，续航能力可不一般。这是人类科学发展史上的里程碑。

Nano Tritium核电池（见图6-2）采用了氢同位素衰变产生能量，每2 cm^2提供1.4 V的能量输出。自封装起20年持续电力输出，你用或者不用，电就在那里，持续不停。

图6-2　Nano Tritium同位素电池

第二节　原子热源（“嫦娥三号”的暖身宝）

“天涯共此时，千里共婵娟。”“明月松间照，清泉石上流。”古往今来有很多对月亮的赞美与向往。月球上没有大气层，月面直接暴露于宇宙空间。所以月表的温度变化非常剧烈，与地球差异很大。要知道，月球上的夜晚可比咱们东北三省的冬天冷的多！月球表面白天最热时，月表温度可达127 ℃；夜间最冷时，温度可降到零下183 ℃。

说完了美国旅行者一号的故事（见图6-3）后，我们将视线转回到国内。由于放射性同位素在衰变时会释放出衰变热能，因此，将热能收集起来即可为航空器提供热源。2013年12月2日，是我国航天史上值得铭记的一天。这一天，“嫦娥三号”首次携带同位素（^{238}Pu）热源（简称RHU）飞天。“嫦娥三号”身上高科技的设备可多着呢，这小小的热源能起到多大的作用呢？事实上，这一热源对在月球环境下生存的“嫦娥三号”是至关重要的。同位素（^{238}Pu）衰变释放出来的热量足以为夜间休眠中的月球车保温，在月球零下150 ℃到零下180 ℃的低温中，同位素热源可以使“嫦娥三号”能够抵御住严寒，确保探测器上的仪器不被冻坏。在“嫦娥三号”的有效载荷分系统共使用2枚RHU充当“棉衣”和“棉裤”，分别保护着粒子激发X射线谱仪和极紫外相机这两个重要的部分。“嫦娥三号”登月示意图、月球车及探测器见图6-4、图6-5。

“旅行者1号”探测器

旅行者1号携带的两张金盘，用于向外星人介绍地球的信息

图6-3　旅行者一号

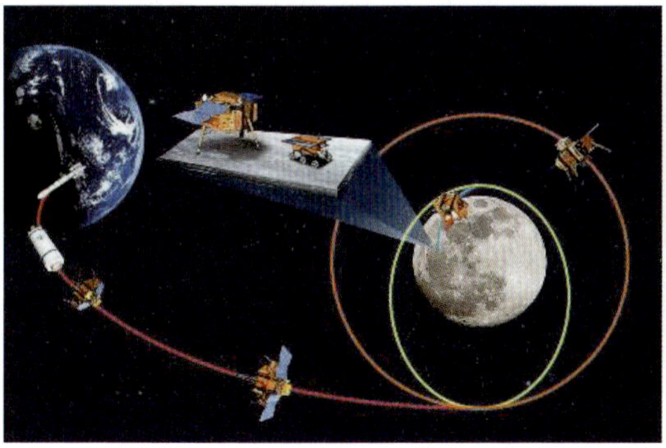

“嫦娥三号”登月示意图

“嫦娥三号”月球车

图6-4　“嫦娥三号”月球车

图6-5 “嫦娥三号”月球探测器

第七章 多“才”多“艺”之勘探领域

水，是我们生命的源泉，是生活必需品。“别让我们的眼泪成为最后一滴水”已是妇孺皆知的节水宣传语了。

石油，是现代社会不可缺少的战略资源。国际新闻里关于中东地区的战争与冲突的报道背后，隐藏着与石油都有着千丝万缕的关系。

地球母亲在地下深埋了这两种宝物，想要找到他们可不容易，为了人类的生存及发展，科学家们再一次使用了绝招——核技术。

第一节 找水的“好助手”

对于人类来说，水是生命之源，我们人体中有60%～80%为水，所以《红楼梦》中贾宝玉说的那句经典名言“女儿都是水做的”其实还是有些道理的。不过，告诉大家一个事实，其实呀，男生体内含的水分要比女生多一点哦。男生不再是“泥做的”了，我们大家都是“水灵灵”的！

如此重要的生命之源，其实它的储量没有看上去那么多。从宇宙中俯瞰“蓝色星球”——地球，那动人的蓝色代表着丰沛的海水资源，但海水是不可以直接饮用的。地球上可供人类使用的淡水是地球总水量的2.5%，其中固体冰川约占淡水总储量的68.7%，主要分布在两级地区，在目前的技术水平下，人类还难以加以利用。人类比较容易获得的淡水资源是河流水、淡水湖泊和浅层地下水，储量仅占淡水总储量的0.3%。绝大部分可获得的淡水主要隐藏在地壳中，常常难以获取。随着人口增长和经济迅猛发展，人类对水资源的需求量日益增加，水资源短缺及水环境恶化已成为影响人类生存和发展的全球性问题。

不同类型的水体化学成分会有很大差异，但同位素组成却相对稳定，因此，水的同位素组成可视作水的“指纹”或“DNA”。通过跟踪水中稳定性和放射性核素在水循环中移动的规律，可以找到地下水的源泉，了解地下水是如何补给的，并对地下水进行测龄。

让我们将视线转到南美洲西北部的厄瓜多尔，厄瓜多尔南部中央海岸圣埃伦娜半岛曼哥拉拉托社区口渴的居民们因找到了新的水源而欢欣雀跃。国际原子能机构组织人员利用同位素，在该地区完成了一项找水项目，成功找寻了水源，使得这一地区的可利用水量突然增加，解决了多年来的水资源短缺问题，化解了用水危机。在南美洲上演了“吃水不忘挖井人”的温情故事。如果没有核技术的支持，那么“挖井人”要在水资源贫瘠的地区要找水的话，难度堪比中彩票头奖。

氚、^{14}C和^{81}Kr这三种核素可用于弄清地下水年龄。因为这些同位素随时间而衰变，所以它们的浓度随着岁月流逝而降低。较高的浓度意味着水“较年轻”，而较低的浓度意味着水“较老”。例如，含有大量氚的地下水可能不到50 年，而不含氚的地下水一定较老。就年龄测定而言，氚可用于不到 50 年的地下水测定，^{14}C 可用于“年龄”高达数万年的地下水测定，^{81}Kr可用于100 万年的地下水测定。了解水的年龄，可以使科学家很好地认识新水如何迅速地进入蓄水层，了解一个水源是否得到补给，补给的速度如何，这些将有助于水资源规划与利用[10]。

第二节 航道疏浚的“侦察兵”

长江三峡水库蓄水发电后，引航道的泥沙淤积又影响到三峡工程的通航功能，不得不经常进行疏浚（见图7-1），为了解泥沙淤积的原因，寻找清除淤积的方法或途径，需要知道泥沙淤积的规律。为研究泥沙的运行规律，工作人员用^{46}Sc同位素或^{192}Ir同位素吸附在近似于天然泥沙大小的离子交换树脂上，将其投入河口附近的水域中，然后用放射性探测仪器监视跟踪，便可研究泥沙在河道中的淤积规律。投入到水域中的离子交换树脂好比是打入敌营的“特工”“侦察兵”，潜伏在敌营之中，为我们的科学家们提供了有关长江口深水航道的治理与全天候深水航道建设的重要技术数据支撑，采用此项技术治理后，十万吨货轮可通过长江口直抵上海宝山钢厂码头。

图7-1 航道疏浚

第三节　射线能测井

究竟什么是射线测井?

石油是许多化工产品的重要原料，是目前世界上最重要的能源之一。除了能提炼出燃油和汽油以外，我们身边的无数生活用品都和石油有着密切的关系。无处不在的塑料制品、马路上的沥青、衣服中的涤纶、腈纶，还有女孩子最爱的化妆品……如此重要的石油其实是一种不可再生的一次能源，许多人担心石油用尽会对人类带来的后果，世界各国也争相探寻开采深埋在地层中的石油。

又到了核技术大显神威的时候了，这次我们用到了放射性测井技术。放射性测井是利用 γ 射线和中子与钻井周围岩石和井内介质发生作用，研究钻井剖面的特性，寻找有用矿藏及研究油井工程质量的一种矿场地球物理方法。在地质勘探中，特别在石油的地质勘探中得到广泛应用。

放射性测井技术根据使用射线的不同可分为 γ 射线测井和中子测井。下面我们简单介绍中子测井的基本原理和方法。

当中子源放出的快中子与物质作用时，发生弹性散射而损失能量变成慢中子和热中子。由于中子与轻核（如氢核）作用的弹性散射截面大，所以中子损失的能量多。这样，中子在含有大量氢的含水岩层和含油岩层里就容易减速，能量降低的热中子容易被岩石中的原子核俘获，发生(n, γ)反应，同时发射 γ 射线。所以，从测量到的 γ 射线的强弱，就可以了解到岩石中的含氢量，进而用它来划分多孔岩层，测定孔隙度，鉴定岩性等。这种测量由中子与岩层作用产生的 γ 射线的测井方法，称为中子-γ测井法（见图7-2）。此外，还有中子-中子测井法、中子寿命测井、能谱测井、缓发中子测井等。

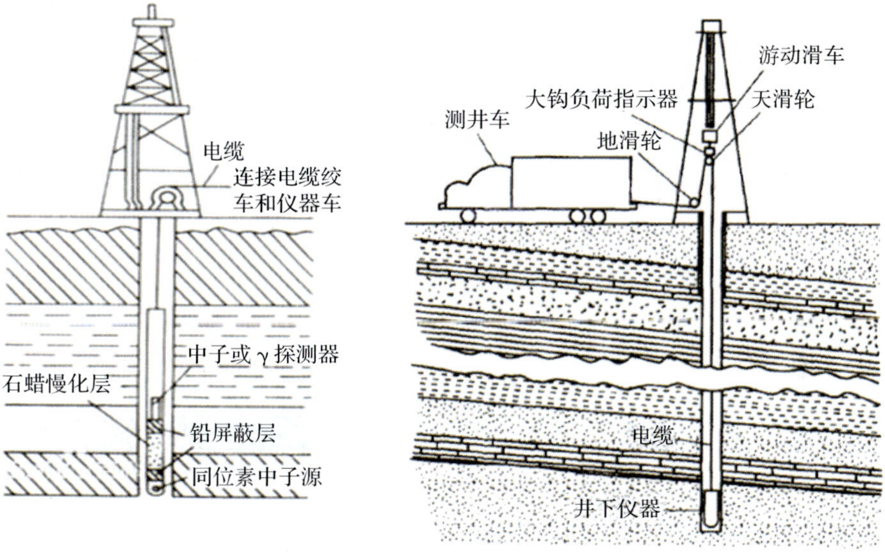

图7-2　射线测井原理图

能源是社会发展和品质生活的保障，能源之于人类，好比是阳光之于植物。聪慧的人类运用放射性测井法与其他方法相结合，不仅可以找石油，还可以用来找寻天然气，煤矿等重要资源。射线测井在天然气和煤田勘探作业同样得到了广泛应用。

射线测井的步骤是先打井，后沿井壁下降放射源，然后在地面探测、记录和分析测量结果。如图7-3～图7-5所示。

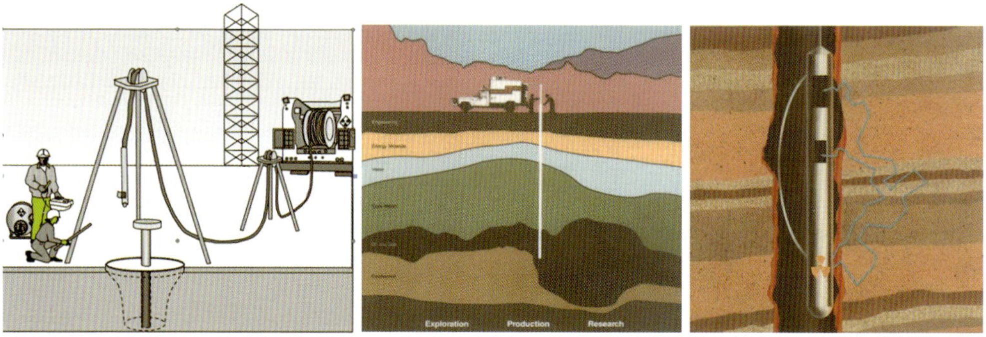

图7-3　中子测井示意图

图7-4　陆地测井现场

图7-5　海上测井现场

第八章

多“才”多“艺”之反恐领域

第一节　爆炸物检测快又灵

“古有见一叶可知秋，今有闻一毫则识爆炸物”

近年来，在世界范围内，恐怖分子利用隐藏爆炸物制造的恐怖事件屡屡发生。对隐藏爆炸物的检测工作，越来越受到各个国家的高度重视。但随着爆炸物小型化、精密化、浓缩化，爆炸物越来越隐秘；而另一方面对于对机场、车站等场所对人员流动效率又有较高要求，如何快速高效的检测出隐藏的爆炸物成了安全管理部门的困扰。

图8-1　爆炸物检测仪

人们利用核技术研制出一种探测器——“离子迁移光谱”探测

器，使用这种探测器（见图8-1）的爆炸物检测仪对爆炸物的检测可达到微微克级（10^{-12}），能快速地检测和分辨痕量爆炸物，被广泛应用于机场、车站、大型会议、展览馆等公共场所。

爆炸物在制作、加工等处理过程中总会留下气体或固体颗粒形式的残留物，通过搜集这些残留物并对其进行分析，从而判断是否存在爆炸物。使用离子迁移光谱技术检测仪的检测原理是：首先，加热样品，使所收集的化学物质气化；其次，气化后的化学物质由一个干净的干燥空气流作为载体，带入一个反应区；第三，反应区有一个弱的放射源，放射源发出射线，照射样品流中的气体颗粒，形成正离子和负离子，同时，沿探测器的整个长度施加有一个电场，在电场的作用下，不同的离子以不同的、但却是特有的速度进行漂流，并在不同的漂流时间内到达收集器的电极；最后，具有不同质量的离子将产生不同的漂流图谱或波形图，从而分辨出是否为爆炸物（见图8-2、图8-3）。

在具体检测人体时，只需简单拍打、贴近人体外衣产生的样品量就足够精确判断有无隐藏的爆炸物了。

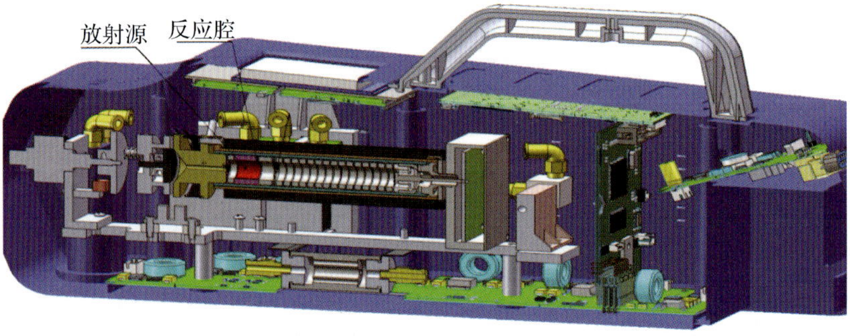

图8-2　爆炸物检测仪内部结构示意

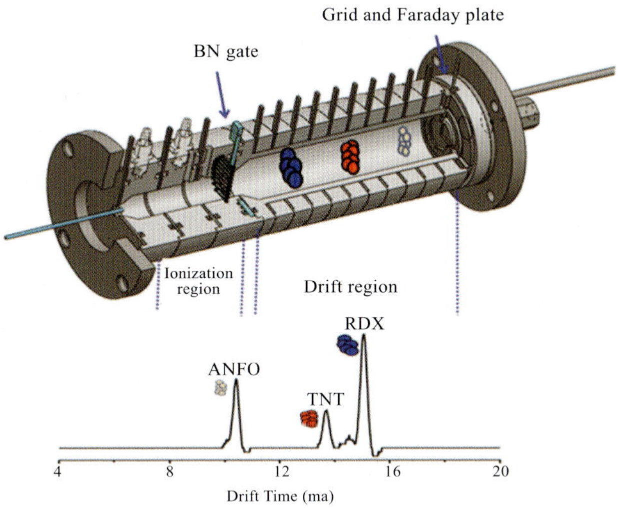

图8-3 爆炸物检测仪原理示意

第二节 反恐核侦查

“一分安检，十分安全”

每当我们经过地铁或车站入口时，耳边会传来这句话。同时，管理人员会引导我们将随身携带的行李放在传送带上，送入安检仪（见图8-4）进行检查，以确认是否有禁止带上车的物品。不用打开行李包裹，安检仪就可以看到行李包裹的内部，仿佛具有一双“火眼金睛”。

这是因为安检仪内部有1台X射线机，能发出X射线，产生的X射线照射行李包裹并在穿透行李后，电脑会自动根据反馈回来的X射线强度对图像进行渲染处理，使得不同密度的物品在屏幕上反差极大，一眼就能识别其形状（见图8-5）。

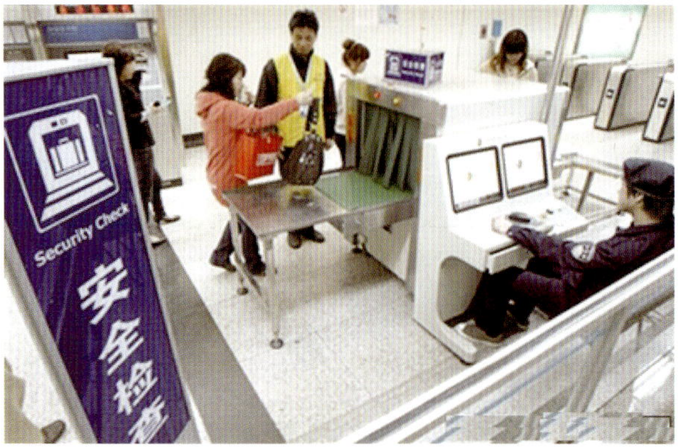

图8-4 安检仪

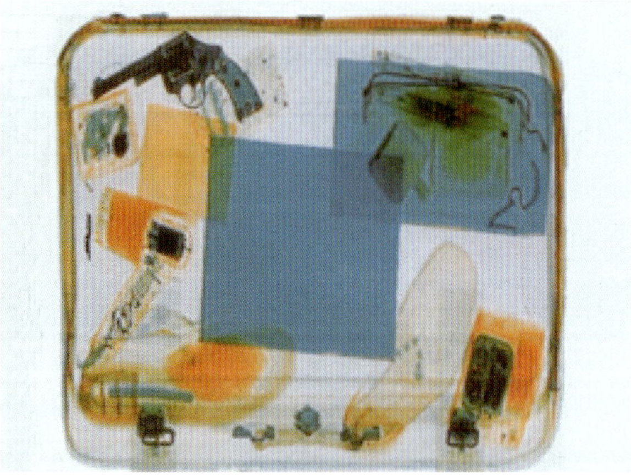

图8-5 安检仪显像图

第三节 打击走私犯罪的集装箱检查系统

近年来，作为国际货运的主要方式——集装箱运输在带来快捷、方便的同时，也被一些不法之徒用来走私货物、贩卖毒品、偷运武器和爆炸物，严重威胁着国家的经济秩序和社会安全。

利用加速器或^{60}Co做射线源的，基于辐射成像原理的集装箱检查系统（见图8-6、图8-7）可有效打击这些犯罪活动。该系统由射线源、探测器、图像处理系统、控制系统和辐射防护与安全系统等部分组成。当集装箱通过时，快门自动打开，^{60}Co发出的γ射线被准直器约束成扇形片状窄束，穿过集装箱到达探测器。探测器将接收到的γ射线转换成电信号，送到计算机进行图像处理，可在屏幕上将集装箱内隐藏的走私品、毒品、武器和炸药等显示得一清二楚。

2013年，厦门海关公布了两起特大走私象牙案件，走私象牙数量达到11.88 t，价值6.03亿元人民币。犯罪团伙采取“多批入境”“夹藏走私”的手法，将象牙夹藏在铜矿砂、腰果等货物中，藏在集装箱内以逃过海关的审查，却未能逃出^{60}Co集装箱检查系统的视线。

图8-6 海关集装箱检测系统图1

图8-7 海关集装箱检测系统图2

第四节 为鲜活农产品运输保驾护航（绿色通道）

为建立顺畅、便捷的鲜活农产品流通网络，促进农民增收，国家在高速公路设立了绿色通道，对装载鲜活农产品车辆免收或减收通行费。但近年来，出现假冒鲜活农产品、超限超载运输鲜活农产品车辆，以达到逃漏通行费的目的，给高速公路的正常运营带来不利影响，同时造成了国有资产流失，妨碍了社会的公平、公正。可喜的是，核技术再次站出来帮助人们改变了这种尴尬状况。

为解决上述问题，交通运输部、国家发展改革委和财政部联合发文《关于进一步完善鲜活农产品运输绿色通道政策的紧急通知》（交公路发[2010]715号），明确提出“根据实际工作需要，可在重要路段的‘绿色通道’收费道口配备数字辐射透视成像等检测设备（见图8-8）”。

图8-8 绿色通道检查设备

这种数字辐射透视成像检测设备利用射线源发出的扇形射线穿透封闭车厢和内部货物，经处理的图像被另一侧探测器接收。由于物品不同部位密度不同，对射线的吸收程度也不同，探测器输出的信号强弱也不同。将强弱不同的信号经图像处理后，显示在计算机屏幕上，就能形成车辆内部物品的轮廓和形态，通过视线查看就可知封闭车厢内装载的物品。从实际检测图像中分析，可查看到封闭车厢内鲜活农产品和其他物品。

辐射透视成像检测具有检查速度快、准确度高、安全可靠、图像清晰、节省成本的特点。原来人工检测一辆车少则十几分钟，多则半个多小时，而现在利用辐射透视成像检测技术5 s就能完成。借助高科技射线成像技术，间接实现用肉眼“看透”满载货物的绿色通道车辆，从此，假绿通车辆不再可能蒙混过关。自2010年起，绿色通道检查设备已在全国13个省、市、自治区投入运行，有力地打击了借用绿色通道政策偷逃通行费的行为。同时，还解决了以往依靠人工检查存在的需要人员多、工作强度大等问题，节约了人员成本。

第九章 "核"谐共舞

曾几何时人们"谈核色变""谈辐射色变"，在"杞人忧天"故事的发源地上演"杞人忧钴"的闹剧等，归根结底都源于人们对辐射的恐惧。

其实辐射并不可怕，通过采取科学合理的措施，在利用核技术造福人类的同时，辐射伤害是可以避免的。实现人类与核技术的"核"谐共舞，共同谱写人类科技进步的篇章。

第一节 有"脾气"的辐射

厨房里的菜刀，可以用来加工美味的菜肴，但当使用不当时也会伤害到人，这是事物的两面性。同样，核技术应用时的辐射也具有两面性，一方面，利用得当，它能大大的造福于人类；另一方面，利用不当，它就会对人们造成一定的伤害。从这个意义上说，辐射是有脾气的。

既然如此，我们所关心的就是使用不当时，辐射对人体的影响究竟是怎样的？

简单地说，人体受到少量的辐射照射对人体健康不会产生影响，但受到较大剂量的辐射照射则会造成健康危害，这已被流行病统计学研究证明。事实上，辐射对人体的影响是在人们不断利用各种辐射源的过程中慢慢认识的。射线对人体的影响与射线的种类、能量、受照量以及受照组织等有关。当射线作用于人体时，射线主要是通过对DNA分子的作用使组织细胞受到损伤，导致健康危害。这些危害可以是发生在受照者本人的身体上，也可以是因生殖细胞受到照射而发生在受照者后代身上。

需要说明的是：辐射对人类健康的影响相当复杂，要深入了解需要非常专业的知识背景和精力；另一方面，通常情况下，人们几乎不可能接受得到引起医学效应的辐射剂量。因此，我们在日常生活、工作中不会有辐射安全问题。如果不巧遇到问题，咨询医疗单位等专业人士的意见是最佳选择。

小贴士：

生活中，我们对于想知道的事情都习惯了使用手机、电脑等进行网络搜索，这确实让我们了解到很多信息，但网络上的信息“鱼龙混杂”，很难辨别，有的时候我们甚至会受到误导。同时，由于射线摸不着、看不到、闻不到的特性，放大了危害，有很多“妖魔化”的信息，使人们陷入隐忧和焦虑，其实大可没有这个必要。我国对核技术利用的监管体系是国际上最为严格和完备的，因此某种程度上可以说：你想去靠近它，都很难。

辐射的度量

正如物体的质量可以用克、千克以及吨等单位度量，辐射也可用专门的单位度量（见图9-1）。随着辐射对人体影响研究的不断深入，人们为了描述辐射量的大小与其所致机体健康危害的程度，定量地评估辐射照射有可能导致的风险，学者们引入了有效剂量的概念。

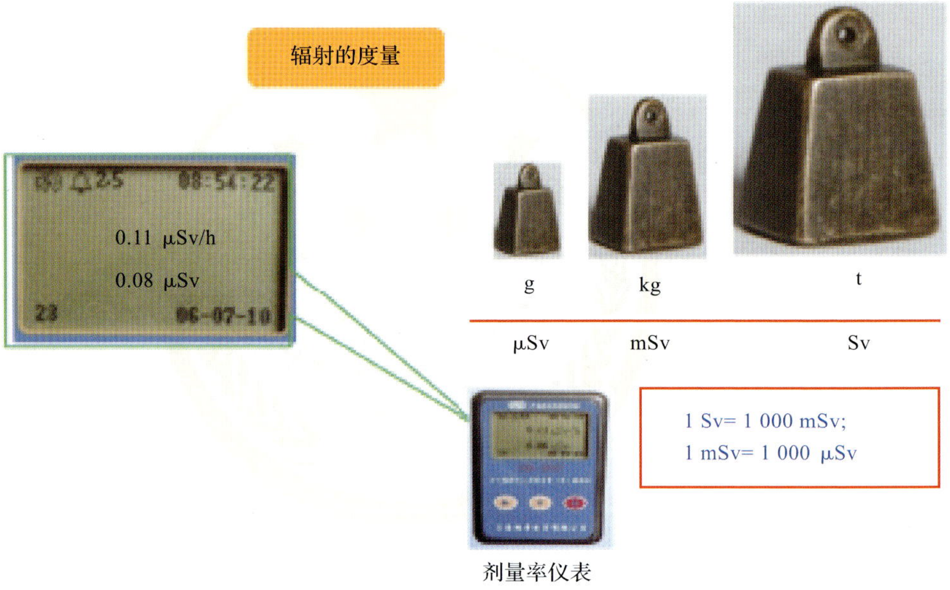

图9-1　质量与有效剂量的类比

有效剂量的单位是希沃特（简称希），用符号Sv表示，是以瑞典著名的核物理学家希沃特的名字命名的。希沃特是个量值很大的单位，在实际应用中，通常更多地使用毫希沃特（mSv）或微希沃特（μSv），其中1 Sv = 1 000 mSv；1 mSv = 1 000 μSv。

了解了辐射剂量概念，如果你想对应一下辐射剂量与健康效应的关系，请看图9-2，这里给出了人体一次受照后的辐射生物效应。不过，由此表也可以看出人体一次受到250 mSv的照射不会发生实质上的身体损伤。

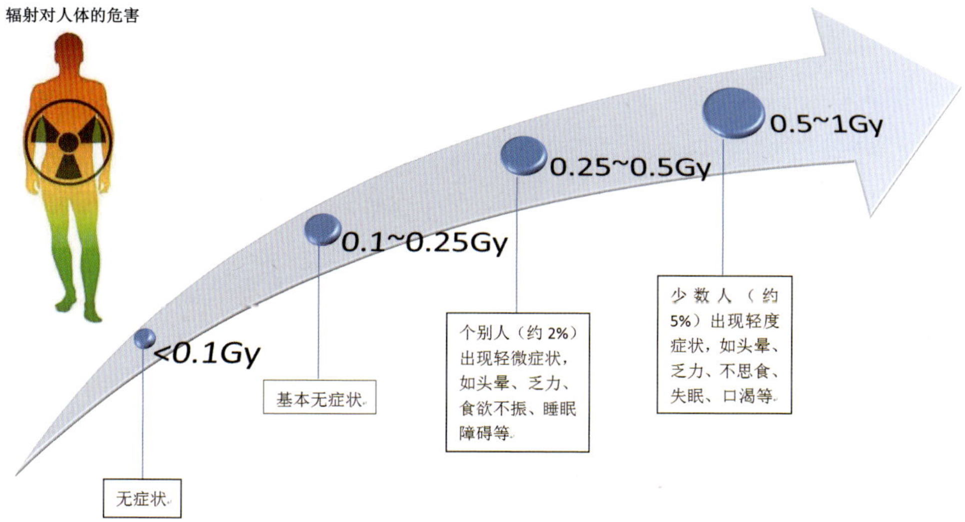

图9-2 辐射对人体的危害[8]

小贴士：

前面第二章还提到一个单位“Gy”，它的中文名字叫“戈瑞”，这是一个国际单位制导出单位，是用于衡量由电离辐射导致的能量吸收剂量（简称吸收剂量）的物理单位，它描述了单位质量物体吸收电离辐射能量的大小。

1 Gy= 1 J/kg，其中J是能量的单位，kg是质量的单位。

名称来源：戈瑞之名来自英国物理学家、放射生物学之父路易斯·哈罗德·戈瑞。

小贴士：Gy和Sv

人类生活的大千世界是由声、光、电、热、力等各种基本现象组成的，它们都是物理学的研究对象，从物理学视角来看，它们都是能量的表现形式。光能、电能、热能等各种形式的能量，这些能量既不会凭空出现，也不会凭空消失，它们从一个物体转移到另一个物体或者从一种形式转化为另一种形式。目前能量的国际单位是用焦耳，一个1千克的物体从1米高的地方落下，释放的能量就是9.8焦耳；让一个100W灯泡发光一秒钟，需要的电能就是100焦耳。同样地，电离辐射也是一种传递能量的方式，它的单位也是焦耳。当电离辐射与物质作用时，其部分或全部能量可沉积于受照介质中。具体到Gy和Sv，它们是人们研究辐射伤害时逐步提出并采用的。

关于戈瑞（Gy）

为了更准确地量化人体遭受有害辐射的严重程度，人们提出了吸收剂量的概念，吸收剂量是描述电离辐射能量的量，是指单位质量物质接收的电离辐射的平均能量，即每千克人体组织吸收辐射的能量大小。吸收剂量的国际标准是戈瑞（Gy），它相当于1千克物质接受1焦尔的能量。

需要说明的是吸收剂量是一个适用于任何类型电离辐射和任何类型受照物质的辐射量。必须注意的是，在应用此量度时，要指明具体涉及的受照物质，诸如空气、肌肉或者其他特定材料。

关于希沃特（Sv）

不同的辐射源对人体的伤害效果是不一样的。环境电离辐射的生物效应不仅与吸收剂量值有关，还与辐射的类型、能量和照射条件有着密切关系。换言之，在接受相同吸收剂量的情况下，如果电离辐射的种类、能量或照射条件不同，其所致的生物效应，无论是发生几率还是严重程度，均有所差异。例如，对于每1千克的人体组织来说，吸收1焦耳的α射线，其“杀伤力”远远高于吸收1焦耳的X光辐射。这是因为不同性质的辐射，其辐射权重因数不一样。X射线、γ射线的辐射权重因数都是1；对人体破坏力极强的α射线，辐射权重因数则高达20。为了统一描述各类电离辐射对于生物体的危害程度，在核辐射防护领域中，引进了一种"剂量当量"的概念，让不同类辐射的“杀伤力”之间可以进行公平的比较，它等于吸收剂量和辐射权重因数的乘积，其国际标准单位是希沃特（Sv），即焦耳每千克。

身边辐射剂量知多少

人们无时无刻不受到自然界中始终存在的天然辐射的照射，某些人类实践活动或涉及辐射的事件、事故会导致向环境释放一定的放射性物质，使人们受到人工照射。那么对我们普通人来说它们又是多大呢?

数据显示，来自天然辐射的个人年有效剂量全球平均值约为2.4 mSv，其中，来自宇宙射线的为0.4 mSv，来自地面γ射线的为0.5 mSv，吸入（主要是室内氡）产生的为1.2 mSv，食入为0.3 mSv。人们每年摄入的空气、食物、水中的辐射照射剂量约为0.25 mSv。乘飞机北京至欧洲往返1次旅行约0.02 mSv；每天抽20支烟，一年有0.5～1 mSv；一次X光检查也有0.5～1 mSv[3，8]。

国家强制剂量限值

我国政府对电离辐射防护和安全非常重视，目前执行的是国家强制性标准《电离辐射防护与辐射源安全基本标准》（GB 18871—2002），该标准对职业人员与公众受照剂量要求见表9-1。

表9-1　国家标准限值

基本安全标准的剂量限值

剂量限值是国家标准规定的使个人所受到的有效剂量或当量剂量不得超过的值。

剂量限值	5年平均值/mSv/a	任1年最高值/ mSv/a
职业照射	20	50
公众照射	1	5

注：职业照射是指除了国家有关法规和标准所排除的照射以及根据国家有关法规和标准予以豁免的实践或源所产生的照射以外，工作人员在其工作过程中所受的所有照射。公众照射是指公众成员所受的辐射源的照射，包括获准的源和实践所产生的照射和在干预情况下受到的照射、但不包括职业照射、医疗照射和当地正常天然本底辐射的照射。

可以说我国辐射剂量限值设定是和安全的。

第二节　辐射“无所遁形”

辐射无色无味、看不见摸不着，总戴着朦胧的面纱，却可能给身体造成伤害。那么，我们如何“找到”辐射？

“探测仪器来相助”

事实上，辐射并不神秘也不可怕，人们研制出了很多“武器”可以很全面地探知辐射，这就是各式各样的辐射探测仪器。这些探测仪器可以给出电离辐射的类型、能量和计数率等信息，帮助我们判断存在的放射性核素的种类和数量。可以说探测仪器帮助人们揭开了辐射神秘的面纱，将辐射及其源头牢牢锁定，使其无所遁形。

我们知道，放射性核素无时无刻不在以特定的概率发生原子核衰变，向外界发射出射线。辐射探测仪器首先要能够告诉我们，探测到的是什么射线，这些射线的能量有多大。根据电离辐射种类的不同，我们选择的辐射探测仪器的类型也会有所区别。我们常听说的α谱仪、γ谱仪就是专门用于测量α和γ射线的。辐射探测仪器（见图9-3、图9-4）除了要告诉我们探测到的射线种类和能量信息以外，还需要告诉我们探测到的射线有多少，即所谓的射线强度。射线强度的信息比较容易得到，我们只需要统计一段时间内探测到的相应能量区间的粒子总数即可。现在的大部分辐射探测仪器都能够同时给出辐射类型和强度信息[3]。

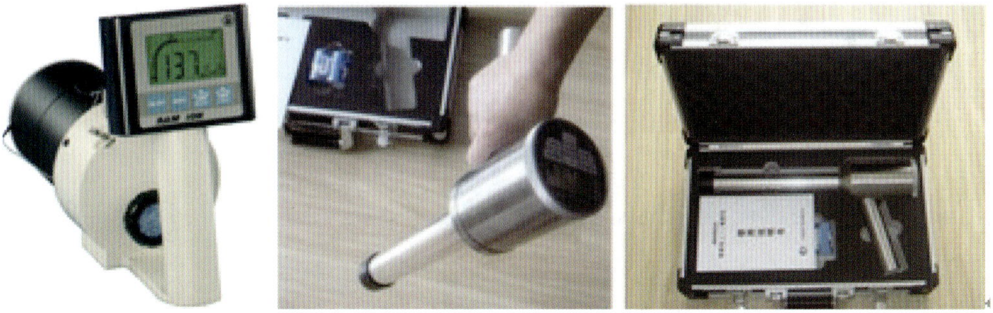

图9-3　一系列的辐射探测仪

图9–4　SV–7型数字式个人剂量仪

此外，特别说明一种辐射探测器-剂量报警仪（见图9-5、图9-6）。剂量报警仪可以在环境或人体所处位置的辐射剂量率超过设定值时报警，为人员提供保护，一般由从事辐射相关工作的人员佩戴。工作人员现场使用辐射测量仪表，如图9-7所示。

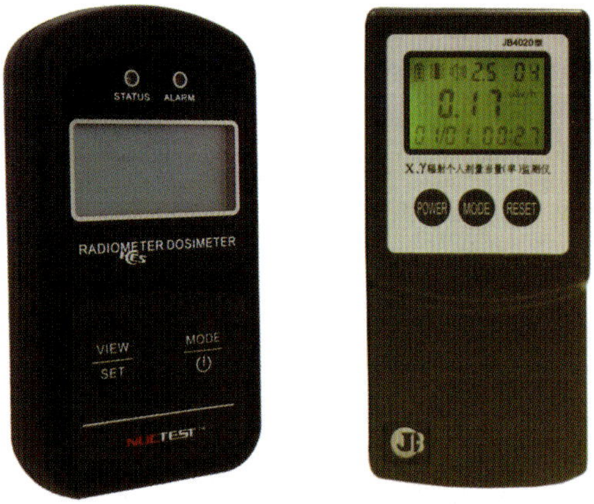

图9–5　便携式X、γ射线报警仪

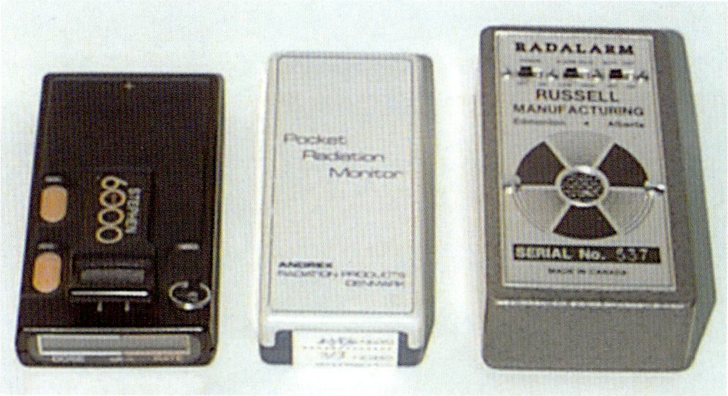

图9-6 报警剂量率仪

图9-7 射线探伤工人在使用射线测量仪表

第三节 “养在深闺人未识”

恐惧源于未知，人们对未知事物的恐惧是人类的天性，是从我们祖先那里继承来的。下面让我们见识一下待在深闺里的“放射源”们吧。

放射源之影身图

作为射线的源头，相比于关掉电源后就不会产生射线的辐射发生器，放射源是我们最关注的。核技术利用时放射源、射线所经过的路径、区域其实是设置了层层屏蔽和保护的，一般情况下，人们是“无缘得见”的。那么，放射源究竟长什么样？图9-8～图9-10给出了一些放射源及放射源容器的图片。图9-11、图9-12给出了一些探伤机图片，其内是有放射源的。

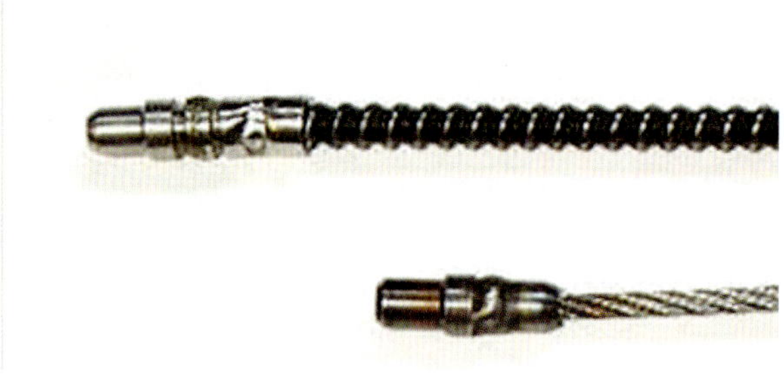

图9–8　工业探伤源

图9–9　各式储源容器

图9-10　各式放射源源罐

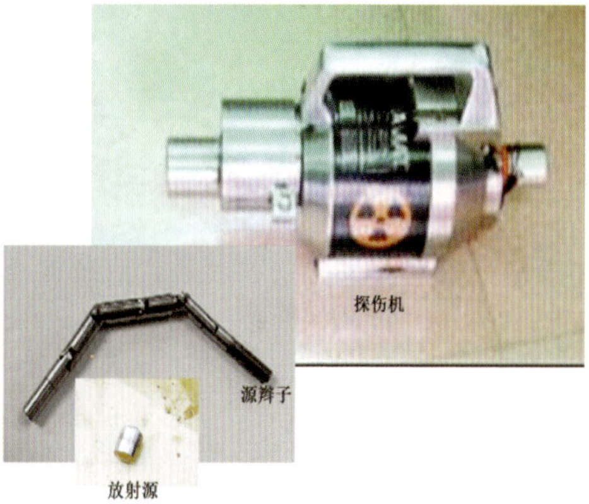

图9-11　探伤源、源辫子与探伤机

图9-12　各式探伤机

辐射之“蛛丝马迹”

为保护公众，避免与减少不必要的辐射照射，人们设置了统一的电离辐射标志（见图9-13）、电离辐射警告标志（见图9-14）以及电离辐射防护与安全警示标志（见图9-15）。其中，电离辐射标志、电离辐射警告标志在我国2002年颁布的《电离辐射防护与辐射源安全基本标准》（GB 188871—2002）有具体的规定。

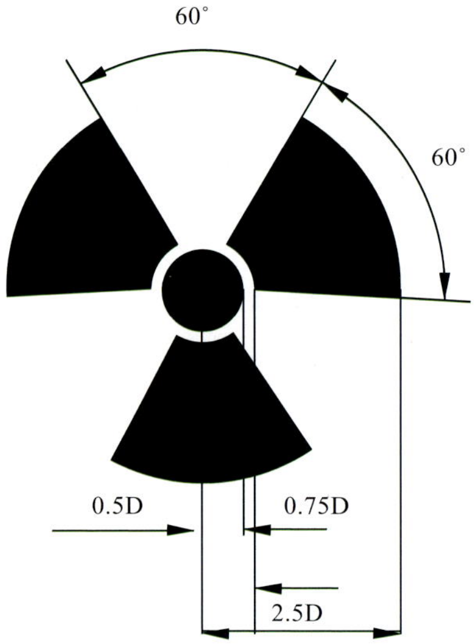

图9-13　电离辐射标志

图9-14　电离辐射警告标志

图9-15　电离辐射防护与安全警示标志

电离辐射标志，为三叶型，全世界通用标志，该标志一般粘贴在放射性物质外包装上、射线装置上以及存在电离辐射的工作场所。电离辐射的警告标志，采用通用的正三角形，背景为黄色，把三叶形电离辐射标志包围于内三角形中，正三角形边框及电离辐射标志图形均为黑色；正三角形下方方形框内用黑色粗等线体字书写“当心电离辐射”，背景为白色。警告标志的含义是使人们注意可能存在的电离辐射危险。

电离辐射防护与安全警示标志是2007年国际标准组织（ISO）和国际原子能机构（IAEA）新推出的，其中“红色代表警告、骷髅头代表危险、人和箭头代表远离”。

“辐射有风险，好奇须谨慎”

作为普通公众，我们不可能随身带着辐射探测仪器随时去探知辐射。但是，我们可以通过眼睛看到辐射的“蛛丝马迹”，即这些警示标志。当我们遇到这些标志时，不要因好奇心作祟盲目接近。参观或行经粘帖有这些标志的场所或物体时，要听从管理人员的引导，在野外或路边发现没有主人的带有这些标志的物体时，不要靠近，可根据情况向当地公安部门报警。

一般情况下，放射源裸源是不会被我们见到的，但在偷盗、恶意破坏等非正常情形下，一些小型设备内置的放射源会被遗弃在野外、路边、工地现场等。虽然这些源基本上不会造成人员死亡，但可能也会带来一些伤害。因此，当我们在“偶遇”如图9-16、图9-17所示的物品时，也不要盲目好奇与接近。

图9-16　野外辐射标志与警告1

图9-17　野外辐射标志与警告2

第四节　“金城守辐射、玉律束源头”

一、辐射照射的途径及其防护

根据电离辐射对人体的照射方式，可将电离辐射照射分为外照射和内照射（见图9-18）。外照射是辐射源处于人体外部所产生的照射。只有当机体处于辐射场（“辐射的势力范围”）时，辐射才对其产生作用，当人体离开辐射场时，就不再受照射。

当放射性物质经由食入、吸入以及皮肤进入人体内时，可引起内照射。与外照射不同，内照射的人员即使脱离了造成辐射的环境，已进入人体放射性物质依然会对人体产生影响。

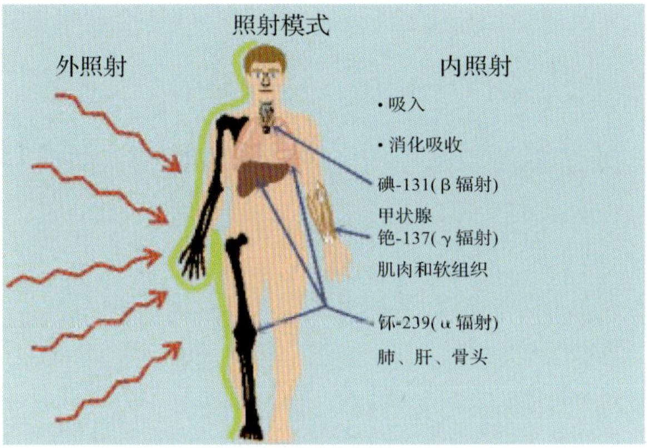

图9-18 外照射与内照射途径

对于外照射的基本防护措施一般有三种方法：时间防护、距离防护和屏蔽防护（见图9-19）。

图9-19 外照射基本防护方法

控制受照射时间：在一定的照射条件下，受照剂量的大小与受照时间成正比，照射时间越长，受照剂量就越大。所以在受到电离辐射照射的时候，要尽可能缩短辐射对身体的照射时间，尽快躲离存在电离辐射的地方，从而减轻电离辐射对人体的伤害。

增大辐射源与受照人员之间的距离：外照射剂量直接与距离辐射源的距离相关。对于一个点状放射源来讲，辐射照射剂量与该源的距离平方成反比，因此假如离源的距离增加一倍，那么照射剂量将近似降低至1/4。

利用屏蔽材料：所谓屏蔽，就是在放射源和人体之间插入必要的吸收物质，使屏蔽层后面的电离辐射强度能降低到所要求的水平，进而达到保护人体不受电离辐射伤害的目的。辐射屏蔽的例子（见图9-20）大家在生活中就可以见到，例如医院放置 X 射线检查机器的房间的门都很厚，一般是用含铅的材料制成的，制作成这样就是为了防止X射线机发射的 X 射线穿透到房间外对其他人造成照射。

图9-20　屏蔽墙与防护服

二、内照射的基本防护措施

内照射的防护简单来说就是防止放射性物质进入体内。可根据需求佩戴高效率的防护口罩、采用隔绝式或活性炭过滤式防护面具等个人防护用具（见图9-21）。

图9-21 内照射防护措施

在核技术利用时，人们依据辐射的特点设置了足够的安全与防护措施，确保辐射源、人员及环境的安全。比如辐照装置，其混凝土的屏蔽墙厚度根据放射源的活度大小确定，有的可达2 m以上（见图9-22），即便是小型设备上的放射源也被金属构件安全屏蔽；这就像将放射源围在了“金城锁钥”的金城里面，射线无法透出,使得核技术利用时屏蔽设施外的辐射水平处于环境本底水平范围内。

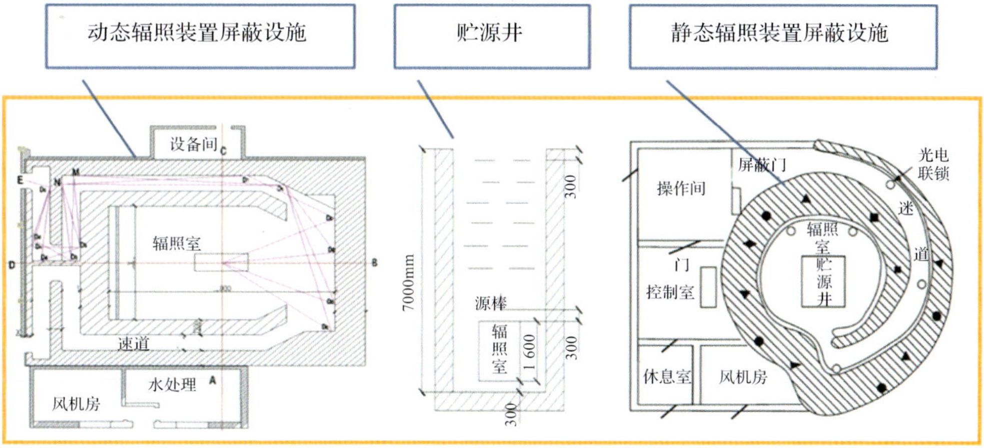

图9-22 辐照装置屏蔽结构示意

同时国家法律、监管机构等也分别从不同角度确保各项安全措施得到严格遵守，辐射的源头被牢牢掌控，可谓金科玉律严。

三、核技术利用单位的管理

我国2003年颁布的《放射性污染防治法》，要求核技术利用单位必须履行完整的环境保护手续，采用符合国家标准要求的环境保护措施，实行辐射安全许可管理，持证运行，从而有效保护环境与公众健康，确保辐射应用安全。

四、放射源的管理

放射源的管理是辐射安全监管的重中之重，管住了放射源就是管住了辐射的源头。具体来讲，我国给每枚放射源设置一个“身份证号”对它们实行生产、销售、使用、退役、处置一条龙的全过程监管，我们称之为“从摇篮到坟墓”的监管（见图9-23）。同时建立了全国核技术利用监管系统，实施动态监管。

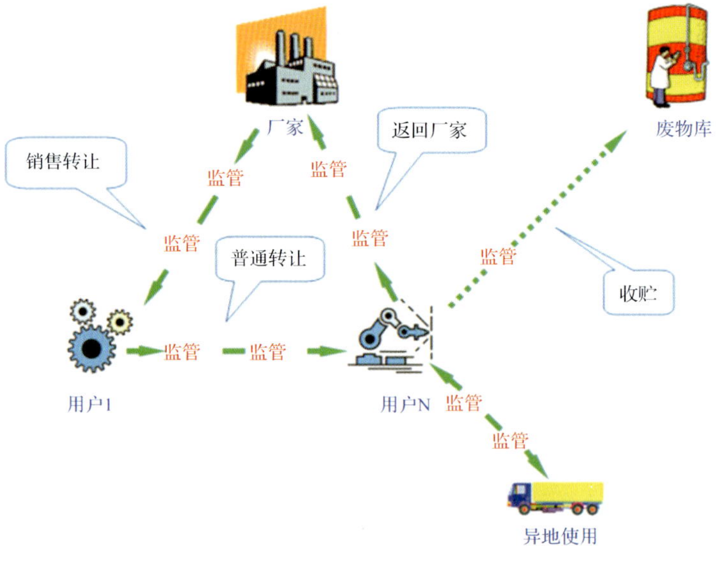

图9-23　放射源全过程监管示意图

和我们每个人一出生就有身份证号码一样，放射源的“身份证号”

是在生产家或者进口时就被同时设置，并将伴随放射源一生，直到放射源被回收处置。为此，国家于2004年制定了《放射源编码规则》（见图9-24）。在中华人民共和国境内使用的放射源都具有唯一编码，而且编码是不会改变的。编码共12位，载明的信息包括有放射源的生产国家和单位、放射性核素的种类和特征、生产年份、序列号、放射源类型等。就像身份证要随身携带一样，编码卡要随放射源进行销售和转让。由于建立了放射源身份管理制度，对于任何一枚放射源都能很快查到相关负责单位或负责人。

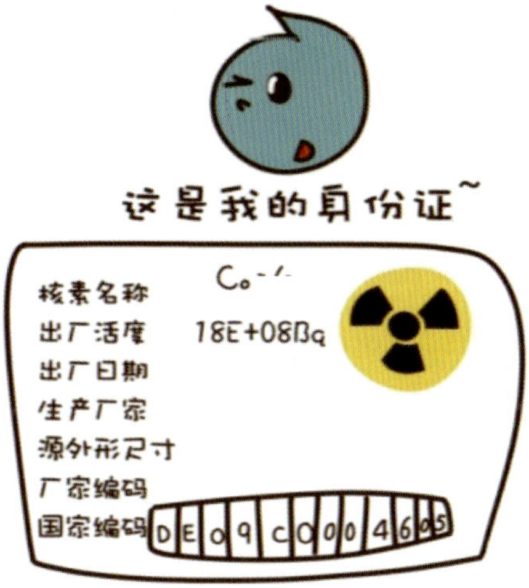

图9-24 放射源编码示意

近10年来，我国放射源安全管理水平明显提高，截至2015年底，全国从事生产、销售、使用放射性同位素和射线装置的单位共6万余家，在用放射源近12万余枚，各类射线装置近13万余台。放射源事故发生率从“十一五”期间的每年每万枚2.5起以上持续下降到每年每万起1起以下，辐射安全监管成效进步显著。

我们在积极地利用核技术造福于我们，同时又保证了人与环境的安全和健康，这不正是人与核技术的和谐共舞么？

第十章 迷你锦囊

本章主要是以问答的形式梳理公众相对较为关注的一些问题；以供大家查看。

一、关注孕妇接受的医疗照射

答：根据估计，我国国民所受的电离辐射绝大部分（约93%）来自天然本底，其次来自诊断性医疗辐射（约4%）。随着我国国民经济的飞速发展，电离辐射的医学应用也更为普及。

鉴于孕妇受照后辐射危害的特殊性，所以在我国电离辐射防护标准中对此特别关注，要求在开具放射学或核医学检查处方时，掌握好适应征，正确合理地使用诊断性医疗照射，避免不必要的重复检查；要求严格限制对育龄妇女进行X射线普查，如X射线透环、乳腺X射线摄影等；必须优先考虑非电离辐射的检查方法；尽量采用X射线摄影代替X射线透视检查。

除了临床上有充分理由证明需要进行的检查外，避免对怀孕或者可能怀孕的妇女施行会引起其腹部或骨盆受到照射的放射学检查；对有生育计划的育龄妇女进行腹部或骨盆部位X射线检查时，严格将此检查限制在月经来潮后的10天内进行；对月经过期的妇女，除有证据表明没有怀孕以外，均应当作孕妇看待；妇女妊娠早期，特别是妊娠8~15周时，原则上不进行X射线骨盆测量检查；孕妇分娩前不应进行常规的胸部X射线检查。周密安排有生育能力妇女的腹部或骨盆的任何诊断检查，以使可能存在的胚胎或胎儿所受到的剂量最小。对放射治疗，要求也相同。

在照射技术方面，要做好X射线的质量保证、选择最佳的投照条件或摄影条件的组合、限制照射野、对非检查部位采取有效的屏蔽防护、采用先进的技术和设备等。

在临床核医学方面，除有明显临床指征外，应避免让怀孕或者可能怀孕的妇女服用放射性核素；^{131}I治疗甲状腺功能亢进的育龄妇女一般需经过6个月后方可怀孕。哺乳妇女服用了放射性药物后，应在一定时期内停止授乳，直到其体内放射性药物的分泌量不再给婴儿带来不可接受的剂量为止。

同样的精神也体现在职业照射方面。国家标准规定女性工作人员发觉自己怀孕后要及时通知用人单位。孕妇和授乳妇女应避免接触非密封的放射性物质；用人单位不得把怀孕作为拒绝女性工作人员继续工作的理由，用人单位有责任改善怀孕女性工作人员的工作条件，以保证为胚胎和胎儿提供与公众成员相同的防护水平[8]。

二、儿童接受放射治疗时要注意什么？

在诊断性医疗照射的使用中青少年占有相当的比例。根据20世纪

90年代北京地区的调查，在X射线检查方面，0~15岁年龄组受检人次在所有年龄组受检人次中所占的百分数是5.4%~20%，0~15岁儿童接受放射治疗的人数在接受放射治疗的总人数中也有一定比例。在全世界范围内，1991~1996年期间Ⅰ级医疗保健水平的国家，全部医学X射线检查中，0~15岁青少年受检人数占总人数的平均比例为11%，牙科X射线检查比例为8%；而在Ⅱ级医疗保健水平的国家，上述二类检查的比例分别为20%和25%。中国内地的医疗保健水平在不同地区可为Ⅰ级~Ⅱ级。已知儿童对电离辐射的敏感性比成人大，故对儿童接触医疗照射时的防护问题需予以重视。

国家标准强调，对儿童施行放射学或核医学检查的正当性更应慎重进行判断。要求临床医师严格掌握适应证，优先考虑非电离辐射的检查方法；未经特殊允许，不得用儿童做X射线检查的示教和研究病例；除临床必需的X射线透视外，应对儿童采用X射线摄影检查。对身材较小、体位又不易控制的儿童应采取相应的防护措施；在儿童病房或婴儿室使用移动式X射线设备时，必须采取防护措施减少周围儿童的照射，不允许将有用线束朝向其他儿童。

在操作方面要求认真选择并综合使用诊断设备的各项有关参数，使得受检者所受的照射是与可接受的图像质量和临床检查目的相一致的最低照射；要求对辐射敏感器官（性腺、晶状体、乳腺和甲状腺）提供恰当的屏蔽。

在核医学方面，要求根据受检儿童的体重、身体表面积或其他适用的准则减少放射性药物使用量，尽可能避免使用长半衰期的放射性核素。

三、吸烟也会产生辐射么?

答：吸烟有害健康，这是一个常识，在吸烟者看来，吸烟可以有效提神。殊不知，烟草不仅本身含有大量会致人成瘾的尼古丁和有害的焦油，而且其燃烧时所产生的烟雾中至少含有2 000余种有害成分，更为大多数人所不知的是，它还含有较高的放射性核素。烟草中的放射性核素的比活度浓度比一般农作物中的要高出100倍以上，其中尤以^{210}Po和^{226}Ra等居多，有20%的^{210}Po和10%的Pb被吸烟者吸入体内，20%的^{210}Po随烟雾逸散到空气中，影响周围人群，这些放射性核素进入人的呼吸器官和消化道里，在体内危害人的机体。据美国抗癌协会发表的统计资料表明，吸烟者的肺癌死亡率要比不吸烟者平均高19%，人们还是少吸或不吸烟为好[5]。

四、室内装修会带来放射性污染吗?

答：室内装修带来污染的问题已经日益受到人们的关注，其中主要是化学性污染，但也可能有我们关心的放射性污染。涉及放射性污染，经常被人们问起的是装修材料中天然石材的放射性问题。

天然石材是岩石通过物理性机械加工、打磨而成，含有一定量的天然放射性核素。虽然天然石材在装修市场因其纹理细腻、色泽柔和深受消费者欢迎，但有很多选择石材作为装饰材料的消费者对其放射性深感担忧。

一般情况下，我们使用的室内装修材料所造成的辐射照射对健康的影响是微乎其微的。和建筑材料的控制管理一样，国家也颁布了标准对石材进行分类管理，根据其放射性水平来限制其使用范围。市面上的装修石料按照放射性强度分为A、B、C三类，并分别规定了使用范围。A类适用范围不受限制，C类适用范围最小，仅能用于建筑物外饰面。市面上只有极少数石材、建渣超过C类，按照规定仅能应用于堤坝、桥墩、碑石等人们停留时间很短的场所。

由于天然放射性核素在地壳中分布很不均匀，不同产地、不同种类的岩石其放射性核素水平也是不同的。据统计，市面上流通的大理石、水泥、人造石板的放射性剂量非常低，瓷砖、卫生洁具等放射水平也不高，通常都属于A类产品。花岗岩放射性水平稍高，但是大多数也属于A类产品，仅有少数红色系列的石材品种放射性水平较高，但也可达B级标准。

除了天然石材之外，室内装饰中经常用到的釉彩陶瓷也可能因为釉彩的原料而含有一定的天然放射性，但是由于剂量微弱，一般来说对人体健康不会造成危害[4]。

五、为什么说人体也是一个小小的放射源？

答：人类生活在错综复杂的生物圈中，通过饮食、饮水等途径，我们每天都在摄入一定数量的放射性物质，但同时，由于代谢平衡的作用，我们每天也会排出一定量的放射性物质，使得我们的身体内各种放射性核素的量保持着相对稳定的状态。

这里介绍以下几种主要放射性核素在体内的含量：

^{40}K：钾作为人的生命的必要元素，在人体内受到代谢平衡的严格控制。钾的含量与人的年龄和性别有较密切的关系，每千克体重中钾的含量在青少年中最高，而中年以上妇女最低。成年男性体内^{40}K的比活

度平均约为60 Bq/kg。假设某男性体重为70kg，则体内^{40}K是4 200 Bq，也就是说人体内每秒钟有4 200个^{40}K原子核发生衰变，同时放出射线。

^{14}C：碳是构成机体最重要的元素之一，碳元素家族有三个同位素，丰度最大的^{12}C是稳定核素，而^{14}C则是一种天然放射性核素。成人体内^{14}C含量约为227 Bq/kg体重，如果一个人体重为60 kg，则体内^{14}C含量约为13 600 Bq，也就是说每秒钟体内有1 300多个^{14}C原子核在衰变。

除了上述两种主要核素之外，我们体内还有铀系、钍系等其他一些放射性核素存在。所以，在某种程度上，我们人体也是一个小小的放射源[4]。

参考文献

[1] 中国在线. 杞人忧钴[EB/OL]. http://www.chinadaily.com.cn/zgzx/2009-08/03/content_8509500.htm，2009-08-03.

[2] 马栩泉. 核能开发与应用[M]. 北京:化工出版社，2014.

[3] 王晓峰. 辐射、人与环境[M]. 北京:原子能出版社, 2006.

[4] 王钟堂，尹鹏，王桂敏. 射线相伴你我他[M]. 北京:科学出版社，2013.

[5] 陆继根. 核辐射防护手册[M]. 南京:江苏人民出版社, 2011.

[6] 台湾和能研究所. 放射性药品[EB/OL]. http://www.iner.gov.tw/siteiner/wSite/ct?xItem=8504&ctNode=299&mp=1，2015-11-24.

[7] 张穹，王玉庆. 放射性同位素与射线装置安全和防护条例[M]. 北京:中国法制出版社，2005.

[8] 陈竹舟，叶常青. 核与辐射防护手册[M]. 北京:科学出版社，2011.

[9] 潘自强，程建平，等.电离辐射防护与辐射源安全[M]. 北京:原子能出版社，2007.

[10] 新浪博客移民咨询. PET/CT成像过程图[EB/OL]. http://blog.sina.com.cn/s/blog_7587cc2e0100vion.html，2011-08-24.

[11] 平生医疗科技（昆山）有限公司. PET/CT影像图[EB/OL]. http://b2b.hc360.com/supplyself/243714660.html，2015-11-24.

[12] 国际原子能机构. 国际原子能机构通报，辐射医学与技术:诊断及治疗[R]. 维也纳:国际原子能机构，2014.

[13] 凯佰特科技. 医院中子照射器[EB/OL]. http://www.bctc.cn/_d276994716.htm, 2015-04-15.

[14] 北京安通医疗器械有限公司. ^{125}碘籽粒[EB/OL]. http://www.sg560.com/products/c852/mzxue888_9880927.html, 2015-11-24, 2015-11-24.

[15] 仪表展览网. 核子秤[EB/OL]. http://www.18show.cn/product/detail/7024527.html, 2009-04-25.

[16] 机电在线. 热缩管[EB/OL]. http://product.jdol.com.cn/sell/3935866.html，2015-11-24.

[17] 百度百科. 辐照[EB/OL]. http://baike.baidu.com/link?url=uW2OP_0w3t3AUWmJbq8XP4E6dTuOYFNQr8G1kty8gnz36u-W_90FMc9tiuNQzfSpr02aIQamP2RxkObW6hkeaK.

[18] 地宝网. 辐照加工现场[EB/OL]. http://www.tiboo.cn/qitafuwu/t3243800/.

[19] 三强核力. SQ(H)工业钴源辐照装置[EB/OL]. http://www.sqhlret.com/plus/view.php?aid=52，2015-11-24.

[20] 三强核力. SQ(G)工业钴源辐照装置[EB/OL]. http://www.sqhlret.com/plus/view.php?aid=50，2015-11-24.

[21] 华大辐照. 电子加速器辐照装置[EB/OL]. http://www.huadafuzhao.com/introduction.asp，2015-11-24.

[22] 华大辐照. 辐照育种[EB/OL]. http://www.huadafuzhao.com/rangeView.asp?id=30，2015-11-24.

[23] 罗上庚. 走近核科学技术[M]. 北京:中国原子能出版社，2015.

后　记

核技术作为一种高新技术，在我国的开发和利用至今已有60年的历史，其应用领域及其广泛，给人们带来了巨大的利益。然而时至今日，普通公众对核技术仍不够了解，担忧其安全，甚至“谈核色变”。为了让公众更多了解核技术、核技术利用以及相关的防护、安全和管理相关的知识，环境保护部核与辐射安全中心编制了本书。

本书可作为科普核技术、核与辐射安全相关知识的材料。本书编写、出版过程当中得到了多方面的关心和帮助。环境保护部核一司、中国核工业集团公司、中国广核集团有限公司、中国核学会、中国核能行业协会等给予了大力的支持。中国疾病预防控制中心的范深根研究员、北京疾病预防控制中心的娄云研究员、环境保护部辐射环境监测技术中心王蕾研究员、中国大百科全书出版社马汝军副总编、北京大学环境保护办公室李恩敬老师（副主任）等专家对书稿进行了认真的讨论并提出了修改意见。在此，谨致感谢。同时对提供视频资料的江苏省核与辐射安全监督管理局、中金辐照股份有限公司、凤凰网等表示感谢。

环境保护部核与辐射安全中心